水库锰污染机制
与调控技术研究

郑西来　王泉波　著

中国海洋大学出版社

·青岛·

图书在版编目（CIP）数据

水库锰污染机制与调控技术研究 / 郑西来，王泉波

著 . —青岛：中国海洋大学出版社，2015. 8

ISBN 978-7-5670-0971-4

Ⅰ. ①水… Ⅱ. ①郑… ②王… Ⅲ. ①水库—锰—污

染防治—研究 Ⅳ. ①X524

中国版本图书馆 CIP 数据核字（2015）第 199655 号

出版发行	中国海洋大学出版社		
社　　址	青岛市香港东路 23 号	邮政编码	266071
出 版 人	杨立敏		
网　　址	http://www.ouc-press.com		
电子信箱	dengzhike@sohu.com		
订购电话	0532 - 82032573（传真）		
策划编辑	韩玉堂		
责任编辑	邓志科	电　　话	0532 - 85902495
印　　制	日照日报印务中心		
版　　次	2015 年 9 月第 1 版		
印　　次	2015 年 9 月第 1 次印刷		
成品尺寸	185 mm ×260 mm		
印　　张	11.625		
字　　数	270 千		
定　　价	40. 00 元		

PREFACE

本书在研究区域气象、水文和污染源调查的基础上，系统测定了王圈水库底质及其上游主要沉积物的组成和物理-化学性质，对水库的水温、水动力和水化学的时-空分布进行了现场监测和评价；采用水库沉积物中污染物的释放实验，探讨水库底泥中铁、锰等污染物释放的机理，分析了溶解氧、pH 值、水温、Eh 等因素对底泥中铁、锰释放的影响；基于 CE-QUAL-W2 模型，对王圈水库的水温结构进行数值模拟，定量分析了王圈水库水温分层结构的动态变化，并预测了不同出水口位置及出水流量对水库水温结构的影响；采用化学预氧化搅拌试验和砂滤试验，重点研究不同氧化剂和滤料的除铁锰效能以及氧化剂投加量、滤速、初始铁锰浓度、滤料厚度等因素对化学预氧化-砂滤组合除锰工艺效果的影响，掌握了工艺的运行效果和技术参数，最后提出了具体的对策措施。

本书共 11 章及附录。郑西来教授负责课题的执行以及本书的整体构思和结构设计，并撰写部分章节；王泉波博士撰写了部分章节。具体分工如下：

第一章"绪论"由郑西来撰写；

第二章"研究区概况"由王泉波、郑西来撰写；

第三章"王圈水库环境污染的立体监测"由王泉波撰写；

第四章"水库环境质量评价"由王泉波撰写；

第五章"王圈水库底泥污染物释放规律研究"由王泉波撰写；

第六章"王圈水库水温数值模拟"由王泉波撰写；

第七章"铁锰氧化处理的试验研究"由王泉波撰写；

第八章"不同滤料除铁锰效果研究"由王泉波撰写；

第九章"预氧化-砂滤组合工艺除铁锰试验"由王泉波撰写；

第十章"王圈水库锰污染控制技术研究"由王泉波撰写；

第十一章"结论"由郑西来、王泉波撰写；

附录由王泉波编写。

此外，陈蕾博士和研究生魏杨、张超莹、胡荣庭等也参加了野外调查、采样和部分试验工作，一并表示感谢！

　　本书适用于环境科学、环境工程、水文水资源、水利工程、地质工程等专业的广大科技人员、管理干部、大学生和研究生阅读和参考。

　　由于作者水平有限,书中不足之处在所难免,恳请专家和读者不吝指教。

CONTENTS 目 录

第一章

绪　论

第一节　国内外研究进展

一、水环境评价

（一）水质评价

目前,用于水环境质量评价的方法有很多,总体可以归纳为两类:确定性水质评价和基于复杂理论的水质评价[1]。

1. 确定性水质评价法

确定性水质评价法又可称为指数评价法,是根据一定的标准按照相应的计算方法得到水体单因子或综合指数,从而对水体水质进行评价。

1）单因子评价法

单因子评价法是目前应用广泛的水质评价方法,它将各评价项目的监测值与相应的标准进行比较,确定各项目的水质类别,然后以所有项目中最差类别作为整个水体的水质类别。其特点是简单明了,能够直接反映各项目的超标情况,缺点是不能反映整个水体的综合情况。

2）综合指数评价法

在得到各项污染指数的基础上,通过各种数学手段将各项目的分指数综合,得到水体的污染指数,即为综合指数评价法。由于处理分指数的数学手段不同,综合指数评价法也存在着不同的形式,先后出现的比较有代表性的方法有布朗水质指数法(美国)[2],内梅罗法(美国)[3],Ross水质指数法(英国)[4],水质质量系数法[5]等。还有比较简单的叠加型指数法、均值型指数法、加权均值法等。综合指数评价法的最大特点是弥补了单因子评价法的不足,能够在一定程度上反映水体的综合污染情况,因此被人们大量采用。其缺点是由于缺少统一的分级体系,评价结果有一定的主观性。

2. 基于复杂理论的水质评价方法

近年来,水质评价方法随着新的理论方法的出现和计算机技术的推广而不断发展[6]。

应用较为广泛的有以下几种。

1）模糊评价法

一方面，水环境本身存在大量不确定性因素，其污染程度和水质分级都存在模糊性；另一方面，随着计算机技术的发展，模糊数学评价法越来越受到学者们的重视，并被广泛用于水质综合评价[7]。它通过监测数据建立各因子指标对相应标准的隶属度集，形成隶属度矩阵，再用因子的权重集乘以隶属度矩阵，获得一个综合评判集，从而得到水体水质的综合评价结果[8]。应用较多的方法有模糊聚类法[9]、模糊综合指标法[10]、模糊贴近度法[11]、模糊距离法[12]等。

2）灰色评价法

由于水环境系统中的数据信息是不完全的或者不确定的，因此可将其视为一个灰色系统，通过计算水环境系统中各项目实测值与各级水质标准的关联度，再根据关联度大小确定实体水质级别的方法即为灰色评价法[13]。灰色系统理论进行水质综合评价的方法有很多，许多学者对该方法进行改进或是与其他方法联用，均取得较好结果[14,15]。其他的灰色评价法还有灰色模式识别法、等斜率灰色聚类法、区域灰色决策法、加权灰色局势决策法、梯形灰色聚类法、灰色贴近度分析法、灰色局势决策评价法等[16]。

3）物元分析法

20世纪80年代初，我国学者蔡文教授创立了物元模型，用于解决不相容的复杂问题，适合于多因子评价。冯玉国[17]最早将物元分析法用于水质综合评价，结果表明该方法计算简便，评价合理。王玲杰等[18]采用模糊数学法、灰关联法和物元分析法对淮河淮南段水质进行评价，结果显示物元分析法评价结果优于另外两种方法。肖玖金等[19]则利用物元可拓法对长江中下游45个主要湖泊水质进行了综合评价。

4）人工神经网络法

20世纪80年代以来，人工神经网络发展迅速，它通过模拟人脑神经网络处理记忆信息的方式来对信息进行处理，从而解决一些模糊性的和不确定性的问题，因此越来越多地用于水质评价工作当中。训练后的人工神经网络具有运算速度快、评价客观的优点。刘国东等[20]用BP网络和Hopfield网络模型对成都东风水库水质进行了评价。宋国浩[21]以弹性BP算法建立了湖泊富营养化评价神经网络，用于评价重庆长寿湖富营养化程度。姜云超等[22]探讨了BP与SOM人工神经网络模型和模糊综合评价法用于水质评价时的科学合理性和适用范围。

5）投影寻踪综合评价法

投影寻踪算法是20世纪70年代Friedman提出的多元数据分析法[23]。其基本步骤是：利用计算机技术，通过某种组合，把高维数据投影到低维子空间上；通过极小化某个投影指标，寻找能反映出高维数据的结果或特征的投影；指标权重的获取；在低维空间上分析数据结构，进行样本分类；评价待测样本。由于它在一定程度上可以解决水质评价中的非线性问题，因此逐渐成为了水质综合评价中常用的方法之一。张欣莉等[24]采用投影寻踪算法对成都东风水库水质进行了评价，金菊良等[25]应用投影寻踪模型对湖泊水质富营养化综合评价。邵磊[26]、龙美林等[27]分别对投影寻踪算法进行了改进，用于水质的评价。

（二）底质评价

水体沉积物是指沉积在河流、湖泊、海洋等水体内的松散矿物质颗粒或有机质,包括砾石、砂、黏土、灰泥、生物残骸等,一般分为四个部分[28]。沉积物通过许多物理的、化学的及生物的过程而沉积在水体底部区域,水体沉积物是水环境金属污染的指示者,是水环境的重要组成部分。

1. 水体沉积物环境质量评价

对沉积物环境质量的正确综合评价是进一步控制和处理沉积物污染的基础。迄今为止,国内外都还没有沉积物环境质量评价的标准,研究沉积物环境综合评价的学者大多采取自行制定标准的方法。

S. Degetto 等[29]学者对湖泊的沉积物污染进行了评价和动力学研究。Ann-Sofie Wernersson 等[30]对海洋沉积物污染状况进行了评价分析,引起了人们对海洋污染的关注,为受污染海洋的治理奠定了基础。国内研究较多的是采用有机指数法对水体沉积物肥力状况进行评价,隋桂荣[31,32]最早提出该方法并用于太湖底质评价,而后张雷等[33]利用该方法对西太湖入湖口区沉积物污染状况进行评价,随后还有其他学者利用该方法对巢湖[34]、洋河水库[35]、长湖[36]、世博园区水体[37]以及洪泽湖[38]沉积物污染状况进行评价。此外,还有学者采用了其他方法对沉积物环境质量进行评价,如张成云等[39]测定了张家岩水库底质中的镉、砷、六六六、化学耗氧量和硝酸盐氮等的含量,用综合污染指数评价法进行判定评价,结果表明仅砷为轻污染,其余项目均为清洁;吴明等[40]以加拿大安大略省环境和能源部制定的环境质量评价标准为依据,对西溪国家湿地公园水体底泥的总氮和总磷进行评价。余国安等[41]根据 NOAA 泥沙质量标准和背景值质量标准,采用模糊综合评价对长江中游底泥质量进行评价,结果显示,干流底泥质量总体较好,而湖泊底泥质量不容乐观。

2. 水体沉积物重金属污染评价

水体沉积物重金属污染研究较多,其评价方法也较多,大致可分为三种[42]:基于重金属总量的评价方法,如地累积指数法、潜在生态风险指数法[43]、沉积物富集系数法等;基于重金属形态的评价方法,如次生相与原生相分布比值法、次生相富集系数法[44];基于 AVS/SEM 比值的潜在生物毒性评价[45-47]。此外,单项和内梅罗指数评价方法[48]、模糊数学方法[49]、综合指数法[50]等也有所应用。由于不同方法的依据不同,因此学者们在评价时常采用多种方法。下面简单介绍基于重金属总量评价的两种常用方法。

1）地累积指数法

此法是由德国海得堡大学沉积物研究所的科学家 Miilter 在 1979 年提出的。由于其具有简单易行等特点,被国内外学者广泛应用。Rubio 等[51]利用该方法对西班牙北部的 Ria de Vigo 地区表层沉积物进行了污染评价。齐晓君等[52]、罗燕等[53]先后利用地累积指数法对大伙房水库底质及各入库断面的底质重金属进行评价。刘金铃等[54]和尚林源等[55]采用地累积指数法分别对珠江水系东江和密云水库底泥中的重金属污染状况进行评价,结果表明两处底泥中重金属污染程度不尽相同。

2）潜在生态风险指数法

重金属的潜在生态危害评价法是通过建立潜在生态危害指数评价标准,确定毒性响应系数,计算出重金属的潜在生态危害指数。目前,该方法在水域生态风险分析和评价方面已经有了较为广泛的应用,在我国的应用也较为广泛,不少文献[56-58]介绍了利用该法进行水域生态风险性分析和评价,并对水域的生态风险性进行定量分析,作出了有益的尝试。

二、沉积物-水环境铁锰释放机理

(一)沉积物-水界面的氧化还原条件研究

氧化还原反应是早期成岩作用中的重要地球化学过程,伴随着有机质的分解和氧化还原状态的变化,还原物质转入溶液并产生随浓度梯度的扩散作用。沉积物-水界面氧化还原条件的研究,尤其是氧化还原边界层迁移规律的认识,对于了解沉积物有机质降解规律以及铁、锰等氧化还原敏感性元素的迁移转化都具有重要的指示意义[59]。

在沉积物-水系统中存在着多个界面,有沉积物-水界面、氧化-还原界面和生物界面。沉积物-水界面是以物相为基础的相对固定的地质界面,其界面过程是物理、化学和生物作用的综合反应;而氧化-还原界面是沉积物-水系统中空间位置不稳定、以氧化还原指标作判断依据的化学界面。它是指地表水环境中由氧化条件向还原条件转变的一个过渡区域,是一个特殊的环境界面[60]。氧化还原边界层的季节性迁移对天然水质影响很大,在一些季节性缺氧湖泊中,氧化还原边界往往在沉积物和水体之间发生迁移。在缺氧层下方,还原态物质大量产生,并从沉积物释放进入水体,导致水质的变化[61-63]。氧化还原边界层的研究是目前国际上水环境领域中的前沿课题之一。

国内湖泊底泥重金属的研究主要集中在一些大湖泊及高原性湖泊上,湖泊环境中主要污染成分 Fe、Mn 的迁移转化问题已成为近些年来环境科学研究关注的热点[64-68]。马英军、罗莎莎在对泸沽湖研究时发现,由于湖泊氧化还原边界层的季节性循环迁移,铁、锰的循环受到氧化还原边界层和沉积物-水界面的双重控制[69,70]。一些研究发现,界面附近湖水中微量重金属浓度明显低于孔隙水相应浓度,因此,沉积物中的大量溶解性物质主要是以孔隙水作为介质通过表面扩散层向上覆水体扩散迁移,并非直接进入上覆水[71-73]。

(二)水环境中铁、锰的地球化学行为研究

随着越来越多的饮用水源出现铁、锰超标现象,更多的学者对水库沉积物 Fe、Mn 释放造成的二次污染以及水库水体中 Fe、Mn 垂直分布规律进行了深入的探讨和研究。国内外学者普遍认为,由于夏季存在温跃层,导致水库中下层水体 DO 大幅度降低而缺氧,呈现还原状态,沉积物中的铁、锰被还原而溶于上覆水,高浓度 Fe、Mn 主要出现在水温分层期水库中下层;而冬春季水温在垂向上大致趋于等温状态,对流运动较强烈,整个水体处于氧化状态[74,75]。由于 Mn 在沉积物-水界面的地球化学循环较 Fe 剧烈,水体中 Fe 浓度增高时间晚于 Mn,而回落时间早于 Mn[67]。朱维晃等[76]对阿哈湖水库中铁、锰的形态分布进行研究,发现跃迁层处总锰含量明显升高,而跃迁层至 19 m 处 Fe^{2+} 含量大为增加,且活性锰随 Fe^{2+} 含量增加而增加。而黑海由于盐度分层也会存在类似的缺氧层,溶解锰和 Fe(Ⅱ)的空间变化由缺氧层厚度决定[77]。

对于不存在季节性缺氧的湖泊水库,Mn 浓度升高可能与水体中的有机物相关,尽管在

湖泊中 Mn 主要以溶解 Mn^{2+} 存在,但它可以很大程度(35% ~ 47%)与有机胶体结合,静态或悬浮时由表层沉积物释放进入上覆水的锰有 65% 是胶体形态[78]。Margaret C. Graham[79] 在 2002 年的研究中也表示,腐殖质对水体中的铁、锰形态非常重要,腐殖质丰富区域也会促进 Mn 的释放。Elin Almroth 等[80]模拟研究了再悬浮对溶解氧、铁锰底栖通量的影响,得出再悬浮会增加氧气消耗而导致底层水缺氧,间接影响铁的释放,但再悬浮时间对铁、锰的释放吸附没有显著作用。Abesser[81]也设计了柱实验模拟再悬浮和扩散反应过程,表示沉积物中 Mn 到上覆水中通常出现在沉积物再悬浮时,通过孔隙水与上覆水混合,然后随水流转化为水生相(完全可溶相或胶体态),会比扩散作用引起水体更高的 Mn 浓度。而在没有风力扰动情况下,扩散作用是 Mn 释放到上覆水中的主要过程。

(三)影响铁、锰分布规律的因素研究

已有很多研究表明,许多因素影响沉积物中铁、锰的释放,如 DO、pH 值、温度、微生物活动、有机质含量等。

1. 溶解氧

DO 对沉积物铁、锰释放作用的影响主要通过影响铁、锰氧化物和硫的氧化还原以及微生物新陈代谢来实现。沉积物间隙水中的 DO(溶解氧分子)、Fe 和 Mn 是构成沉积物氧化还原体系的重要元素,加之 DO、Fe 和 Mn 的氧化还原行为典型,在沉积物中成岩反应明显。许昆明[82]在对南海越南上升流区沉积物的研究中发现,其间隙水中 DO、Mn^{2+} 及 Fe^{2+} 相继被检测出,且 Fe^{2+} 出现在 DO 浓度为零的时候。

2. pH 值

酸度增加可使碳酸盐和氢氧化物溶解,而且 H^+ 的竞争吸附作用也可增加重金属离子的吸附量。河流底泥、土壤及氧化物吸附重金属的释放研究都得出随着酸度增加,重金属的释放量增大[83]。

3. 温度

对于重金属在固体颗粒上的吸附和解吸过程,温度升高一般有利于重金属的物理解吸,对于离子交换吸附,由于表面电荷几乎不随温度变化,所以离子交换吸附产生的重金属释放作用基本不受温度的影响;根据分子热运动理论,温度升高有利于底泥中重金属向水相的迁移以及释放于孔隙水中的重金属向表层水的迁移。底泥中含量较高的碳酸盐结合态的重金属,随温度的升高,释放量增大[84]。

4. 有机质

沉积物中的有机质主要来源于水体中动植物残体、浮游生物及微生物等的沉积所产生的有机质及外界水源循环过程中携带进来的颗粒态和溶解态的有机质。相关研究表明,有机质矿化过程中大量耗氧,同时释放出营养盐和重金属可以造成严重的水质恶化和水体富营养化。有机质总量及其组分是沉积物物理化学性质中的重要指标,一方面,有机质的矿化会引起氧化还原电位以及 pH 的变化,进而影响铁、锰的释放过程。另一方面,有机质对重金属的吸附也有很大影响。有机质还可以通过促进微生物的生长繁殖来消耗沉积物中的锰,但微生物的生长又促进了有机质的分解,加快矿化进程,分解产生的有机酸可以起到酸溶、络合作用,促进沉积物中氧化态铁、锰重新进入水层。

三、水库温度场数值模拟与分析

水温分层是大型深水库的一个重要特征,水库水温分层可能直接导致库区内的水质分层和生态分层,水库运行将改变下游河道的水温分布规律,为更好地进行水库管理和制定环境保护对策,水温数学模型已成为水温研究最主要的技术方法[85]。

计算机技术的飞速发展为求解复杂的偏微分方程组提供可能,从而也间接促进了水库水温数学模型的发展。国内外不少研究机构和学者已经研究开发出多个实用水温模型,同时也涌现出许多用于水温模拟的成熟商业软件如 MIKE[86,87]、EFDC[88,89]、CE-QUAL-W2[85,90,91]等均可应用于水库水温模拟。其中,美国陆军工程兵团水道实验站研制开发的立面二维模型 CE-QUAL-W2,经过 30 多年的发展和完善(最新的版本为3.6[92]),功能和准确性不断增强,被国内外学者广泛运用于水库温度场的数值模拟,均取得了不错的效果。

早在 1998 年,Rakesh K. Gelda 等[93]就运用 CE-QUAL-W2 模型建立了 Cannonsville 水库的二维水温模型,当时模型的版本还是 2.0,而后他模拟了 Schoharie 水库的水温分层[94],14 年的校正结果显示,模型具有很好的适用性。Yoonhee Kim 和 Bomchul Kim[95]运用 CE-QUAL-W2 模型模拟了韩国 Soyang 湖的水温分布以及水库中的密度流。Shengwei Ma 等[91]运用建立好的二维水温模型分析了不同取水口高程对整个水温结构及不同深度的水温的影响,结果显示取水口高程越低,越有利于水体的热传递,从而使下层滞水层水温升高。Jung Hyun Choi 等[96]根据建立好的 CE-QUAL-W2 模型,预测了大坝改建对水库水温结构可能带来的影响。Xing Fang 等[97]在建立模型的基础上,运用校正好的模型分析了入库流量的变化以及未来可能发生的气候变化对 Amistad 水库水温分布的影响。Gregory E. Norton 等[98]则比较了 SNTEMP 和 CE-QUAL-W2 水温模型,后者效果更好。Hye Won Lee 等[99]将 CE-QUAL-W2 模型与水文模型 HSPF 相结合,分析了气候变化可能对韩国 Yongdam 水库水温结构的影响,结果显示全球变暖增强了水温的分层。

此外,国内也有学者运用 CE-QUAL-W2 模型。邓熙[90]、李艳[85]采用 CE-QUAL-W2 分别模拟了流溪河水库和紫坪铺水库的水温分布,后者还分析了模型参数的敏感性,结果显示风遮蔽系数及动态光遮蔽系数最为敏感。

四、除铁锰技术

铁(Fe)、锰(Mn)是地壳的主要构成元素,广泛存在于自然界中。因其具有相似的原子半径、离子半径及电负性,从而表现出相似的地球化学性质。二价的铁、锰都溶于水,在还原性的地下水、湖泊深层水甚至少数河流水中往往伴生存在[100]。铁、锰均是过渡性金属元素,其标准氧化还原电位分别为 $\Psi^{\circ}(Fe^{3+}/Fe^{2+}) = 0.771$ V 及 $\Psi^{\circ}(MnO_2/Mn^{2+}) = 1.231$ V[101],锰的氧化还原电位高于铁,Mn^{2+} 比 Fe^{2+} 难以氧化。水中 Fe^{2+},Mn^{2+} 与空气中的氧接触后发生如下反应:

$$4Fe^{2+} + O_2 + 10\,H_2O = 4Fe(OH)_3 + 8H^+ \tag{1-1}$$

$$Mn^{2+} + 1/2O_2 + H_2O = MnO_2 + 2H^+ \tag{1-2}$$

Fe^{2+} 氧化为 Fe^{3+},并以 $Fe(OH)_3$ 的形式析出,再通过沉淀、过滤就能去除,而去除水中的锰就困难得多。在溶解氧充足的条件下,水的 pH 对铁、锰的氧化速率的影响起决定性作用。地表水 pH 范围一般为 6.0~9.0,研究结果表明,Fe^{2+} 在这一 pH 范围内自然氧化速度已较快;Mn^{2+} 则需将 pH 提高到 9.5 以上时自然氧化速度才明显加快,对于铁锰共存的饮用水,锰的去除极有可能受到铁快速氧化的干扰,进一步增加了除锰难度。

随着对水中锰离子形态、氧化机理、除锰微生物学过程等方面知识的不断积累,除锰技术也经历了不同的发展阶段,这主要包括化学氧化剂氧化、接触催化氧化[101]、生物催化氧化[102]和锰氧化物负载滤料除锰[103]等发展过程。这些技术方法的研究和应用,在一定程度上完善了含锰水处理技术及工艺,解决了饮用水除锰应用中的技术问题。但至今由于各项技术仍然存在着各种局限和不足,使得饮用水除锰技术的研究仍是水处理的一个研究热点。

(一)化学氧化法

1. 空气氧化法

空气中的氧气是最廉价的氧化剂,向含锰水中通入空气,一方面利用空气吹脱水中的 CO_2 以提高水的 pH,另一方面利用空气中氧气的作用使二价锰离子 $[Mn^{2+}]$ 被氧化为 MnO_2 而沉淀析出,此工艺称为空气氧化除锰法。由于常规条件下氧气对锰的氧化速度很低,所以要满足实际应用的需要,必须进行以下两个操作[101]:一是将处理水的 pH 值提高到 9.5 以上,这通常需要投加石灰、NaOH、$NaHCO_3$ 等碱性物质才能完成;二是设置强化曝气设施,如填料塔等,因此增加了工艺的复杂性和外在污染导入的可能性,现已较少应用。

2. 强氧化剂法

采用强氧化剂可快速将还原态的锰氧化,并且氧化过程不受水中其他杂质的影响,具有高效、及时、快速、彻底的优点。这种方法是当前欧洲和美国普遍使用的除锰方法[104]。水处理常用的强氧化剂有臭氧、高锰酸钾、氯和二氧化氯,都可以对水中的锰进行氧化,强氧化剂氧化后生成的 MnO_2 通常为分散度很高的微小颗粒,典型的后续处理工艺是混凝沉淀或过滤。

臭氧是一种很强的氧化剂,可以在较低的 pH(6.5 以下)和无催化的条件下,使水中的锰完全氧化[105]。臭氧氧化除锰的主要特性是反应迅速,无中间副产物。但由于臭氧氧化过程无持续性,并且受水中天然有机质(NOM)、溴化物以及水的浊度的影响,使得臭氧工艺装置操作复杂、耗电量大、运行费用高、能耗高,这些仍是目前臭氧应用的主要障碍之一。另外研究表明,臭氧的投加量过高,会使水中的二价锰被氧化为高锰酸根而使水呈现粉红色,还需要进行还原过滤,从而增加处理难度。

高锰酸钾作为氧化剂时,应特别注意高锰酸钾的投量,投量过低不能将所有的锰氧化,而投量过多则会引起水呈现粉红色。此外,高锰酸钾引起的沉淀在滤床上会产生泥球且很难去除,降低了滤床过滤效果。

氯是常用的水处理氧化剂之一,也是最早用于除铁除锰的氧化剂,其优点是成本低、工艺成熟。对水中铁通常具有较高的去除效果,但对锰,则在中性条件下的氧化速度极慢。近年来,由于原水中有机质浓度不断增加,预氯化会生产大量有机消毒副产物,如三卤甲烷和卤乙酸等,使氯作为预氧化剂的应用受到限制,水中氨氮也会降低氯的氧化性能。因此,常采用二氧化氯替代氯作为水处理的氧化剂[106]。

二氧化氯是常用的水处理氧化剂和消毒剂,其氧化性远高于氯气[107],仅次于臭氧,其作为氧化剂已在欧洲许多大城市得到普遍使用[108]。二氧化氯作为水处理氧化剂,具有以下优点:不与水中的有机物氯化形成氯代副产物(DBPs);不与氨氮反应;具有除色、除嗅、除味作用;具有除铁除锰作用,尤其是能在中性条件及含有有机质的条件下除锰[109]。

(二)接触氧化法

从20世纪60年代开始,李圭白[101]经过研究提出了接触氧化除铁除锰技术,其工艺过程是将含锰水经曝气后,通入锰砂滤池过滤,随着运行时间的延长,在滤料表面会逐步形成一层具有对地下水中 Mn^{2+} 的氧化有催化作用的活性膜,称为"锰质活性滤膜",除锰效果在锰质活性滤膜没有形成时通常很差并且不稳定,而当锰质活性滤膜形成后,则可以进入除锰稳定期。除锰过程从启动到达到稳定的时间称为"滤料成熟期"。

接触氧化除铁除锰工艺最先成功应用于除铁,并在除铁过程中发现了具有重要催化作用的"铁质活性滤膜",经过对铁质滤膜结构、成分、作用的详细研究,建立了完整的接触氧化除铁技术理论。接触氧化除锰则是在接触氧化除铁理论的基础上提出的,按照铁质滤膜的概念提出了对除锰过程具有催化作用的"锰质活性滤膜",李圭白等的研究认为锰质滤膜的形成与稳定是除锰效果的主要影响因素,经过对这层膜的主要成分的分析,其结构是一种无定形锰氧化物,简写为 $MnO_2 \cdot XH_2O$ 。接触氧化工艺可分为两个过程,一是锰氧化物活性膜的形成,并通过锰氧化物活性膜对水中的锰离子进行吸附;二是对吸附的锰离子进行氧化,生成新的锰氧化物活性膜。

(三)生物氧化法

自20世纪80年代起,国外开始重视有关生物在锰去除中的作用,并开展相应的研究。我国哈尔滨工业大学的张杰[110]在除锰研究中发现,接触氧化除锰工艺中运行效果良好的滤层中通常存在着大量的除锰微生物,而且除锰效果与这些微生物的种类与数量相关。这一发现,使除锰技术出现了一个新的研究方向,即微生物活性对锰离子氧化的去除作用。现在对生物除锰滤层的研究结果表明,生物作用的存在使滤层除锰作用更加稳定,当生物滤层形成后,可以实现在常温、中性pH条件下,一个滤层同时去除铁和锰两种离子[111,112]。因此生物除锰技术完善了接触氧化工艺中活性滤膜的作用机理,也为实际应用中活性滤膜成熟期的控制及处理效果不稳定问题的解决提供了理论基础。

目前生物除锰的理论在实际应用中,也还存在着一些问题未能完全解决,归纳如下:

(1)在理论方面,铁细菌种类的鉴别上仍存在不少认识问题。

(2)对某些菌种来说[113,114],细菌的生化过程作用与环境的物化作用的关系仍未完全清楚,并且对天然水体中分离出来的纯培养铁细菌的研究,与实际环境中混合生长状态下的行为和特性会有所不同。

(3)生物滤层的接种培养过程仍缺乏完整的理论指导[115,116],微生物除锰滤池的成熟期的报道由1个月到8个月,并且缺乏接种过程、接种量、接种的种类等设计资料及设计参数。

(4)在自然界中生物形成的锰氧化物对水中金属离子的吸附和氧化作用已有大量文

献报道[117,118]，但在生物除锰反应器中，这种吸附和催化作用，对除锰过程的促进作用还鲜有研究。

（四）负载滤料法

改性滤料在水处理中的应用是近年来发展起来的一种新型技术[119]，通过对惰性滤料表面负载活性金属氧化物，可以使其具有更大的比表面积、更多的活性基团，更强的吸附和催化性能。改性滤料对水中有机及无机杂质，尤其是部分金属离子具有较强的吸附和氧化能力，是一项具有发展潜力的技术。

由前所述，接触氧化除锰工艺及生物除锰工艺过程中，滤料的表面性质都会发生改变，形成具有催化作用的活性滤膜，随着对这种滤膜结构和性质的研究，采用人工化学合成的方式制备相似结构和性能的锰氧化物，并以此对滤料表面进行改性研究已逐渐引起重视。W. R Knocke 等研究者对锰氧化物改性滤料除锰的效果及影响因素进行了较为系统的研究[120-125]，国内同济大学的高乃云教授[126]采用铁氧化物及锰氧化物对石英砂进行改性，研究了其对金属离子和砷的去除效果，结果表明改性滤料较未改性时具有更加优越的去除效果。盛力[103]等采用不同的方法制备锰氧化物改性复合滤料，并对其除锰性能进行了研究，结果表明锰氧化物改性复合滤料对锰具有很强的吸附作用，吸附等温线符合 Freundlich 吸附类型。并且改性滤料的吸附性能明显高于天然锰砂和石英砂，吸附容量是锰砂的 2～3 倍，是石英砂的 10～13 倍。

第二节　主要研究内容

本书的研究内容主要包括以下几个方面：

1. 水库底质和上游沉积物组成及性质测定

测定库区底质和上游主要松散沉积物组成和物理−化学性质，包括粒度分布、化学成分、矿物组成（特别是黏粒的含量和矿物组成）、表面电性、表面积和阳离子交换容量、有机质含量、容重、孔隙度、渗透系数、扩散系数以及主要研究组分（铁、锰和营养盐等）在底质与隙间水之间的分配系数等，确定水库底质来源、组成和物理−化学性质。

2. 水环境现场监测与评价

在水库周围的农业、工业污染源调查的基础上，在王圈水库库区设置 6 个流速、水温和水质监测断面，监测库区平面上流速和水质变化情况，并在水库库面上游、中心和下游选择 3 个监测点，监测流速、水温和水质（pH、Eh、溶解氧、铁、锰）垂向变化，垂向间隔为 1 米；根据监测资料，利用单因子评价法和模糊综合评价法对不同时期水库水质进行评价，采用地累积指数法和潜在生态风险指数法对底泥中的重金属铁锰进行评价，并运用有机指数法对水库底泥的有机污染现状进行评价。

3. 水库沉积物内源释放特性研究

通过水库沉积物中污染物的释放实验研究，找出水库底泥中磷、有机质、氮、铁、锰等污染物释放的机理和影响因素，初步探讨溶解氧、pH 值、水温、扰动等影响因素对底泥中铁、锰、磷、有机物释放的影响，并分析了其与氧化还原电位之间的相关性，重点研究铁、锰的释放机理,为铁、锰超标的治理提供科学依据。

4. 王圈水库温度场的数值模拟与分析

采用 CE-QUAL-W2 模型,对王圈水库水温结构进行了二维数值模拟,并用 2011 年实测水温数据对模型进行了校准。通过模型的建立,分析了王圈水库典型平水年水温分层结构的变化,包括温跃层的形成与位置。同时预测了不同出水口位置及出水流量对水库水温结构的影响,为改善取水对策提供了理论依据。

5. 化学预氧化-砂滤组合工艺研究

1)利用批量试验,研究高锰酸钾、二氧化氯与铁锰发生氧化反应的规律和特征,分析反应时间、药剂投加量、进水 pH 和铁离子初始浓度对两种预氧化剂去除铁锰效果的影响。

2)将石英砂和锰砂作为接触氧化法中滤料,分析两种滤料的成熟期和除铁锰效果;然后,以石英砂、锰砂和纤维束为滤料,采用预氧化-砂滤的方式,比较三种滤料去除铁、锰的效果。

3)根据批量试验和滤料比选试验结果,采用最优氧化剂和滤料,研究不同氧化剂投加量、滤速、初始铁锰浓度、滤料粒径、滤层厚度等因素对化学预氧化-砂滤组合除锰工艺效果的影响,掌握工艺的运行效果和技术参数。

第三节　技术路线

本书的研究技术路线见图 1-1。

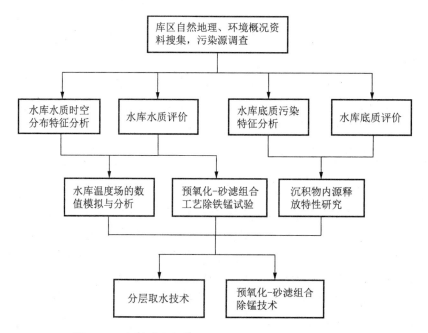

图 1-1　王圈水库锰超标的机制与调控技术研究技术路线

第二章

研究区概况

第一节　自然地理

一、地理位置

王圈水库位于青岛市即墨店集镇西王圈村东的莲阴河中上游,在城区东北25千米处,地理位置为东经 $120°34' \sim 120°37'$,北纬 $36°27' \sim 36°29'$ (图2-1),建成于1960年,是一座多功能型的水库,最开始以防洪灌溉为主,担负着下游58个村庄居民的防洪任务,后作为供水水源,集防洪、供水、生态功能于一体。王圈水库总库容3 460万 m^3 ,是即墨市库容最大的水库,该水库日供水能力可达4万 m^3 ,年供水量约为700万 m^3 ,已经成为城区及东部区域的重要饮用水源地。水库地处即墨市店集镇、龙泉镇与温泉镇交界,整个流域范围涉及58个村庄,共有20余条汇水干支流,约43千米干支输水渠道。

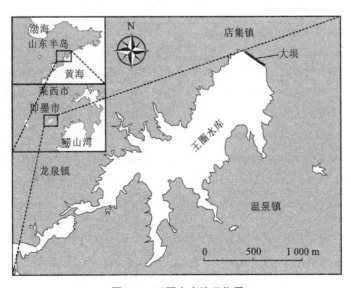

图 2-1　王圈水库地理位置

二、水文

王圈水库总流域面积 72 km²,其中直接汇水面积 44 km²,引入流域面积 28 km²,水库平均水深 6.8 m。水库所在流域属于山丘区,流域形状呈扇形,地势由南向北倾斜,坝址以上干流长度 14.1 km,干流坡降为 0.002 5,流域长 9.1 km,平均宽 4.9 km。流域内还建有果园、汪北两座小(二)型水库,控制流域面积为 7.9 km²,总库容 62.6 万 m³,兴利库容 25.4 万 m³。

莲阴河发源于龙泉镇莲花山,河道北去,纵贯龙泉镇境内,转东北穿过店集镇、金口镇,经小埠、果园、石门、蒲渠店、西王圈、店东、吴疃、枣行、马坪、河西、青山后、南渠,至周疃东注入丁字湾。该河过去河名因发源地而定,清代则称之为周疃河。而今只有金口镇境内河段因流经周疃以东而称周疃河。王圈水库以下至山东拦河闸段河道全长 15.2 千米,平均坡降 1.25‰,流域面积 75.78 平方千米。

三、气候特征

王圈水库位于即墨市东北部,地处于北温带沿海区域,加之海洋环境的直接调节,又具有显著的海洋性气候特点。夏无酷暑,冬无严寒,温润相济,气候宜人。春季气温回升缓慢,较内陆迟 1 个月;夏季温热多雨,但无酷暑;秋季天高气爽,降水少,蒸发强;冬季风大温低,持续时间较长。年平均气温为 12 ℃。无霜期 196～234 天,农种期 279～290 天,年平均日照时数为 2 662.9 小时,年平均风速 2.2 m/s,以西南风为主导风向。多年平均降雨量 635 mm,降雨量年内、年际变化幅度较大,其中汛期(6～9 月)降雨量约占全年降雨量的 70%。最大年降雨量 1 367.6 mm(1964 年),最小年降雨量仅 395.5 mm(1997 年)。

四、地质与地貌

王圈水库处于胶东丘陵西部,在大地构造单元上属于中朝准地台的鲁东迭台隆,水库所在区域为龙洞隆起的胶莱凹陷带。据有关资料,该地区区域地质构造复杂,在水库附近有即墨断层通过,走向为北东方向,倾向东南,倾角 55°～67°。沿断层线上有上升泉。受断层的影响,本区地质构造较复杂,有水平断层和背斜、向斜等小的构造。局部岩层受构造应力影响产生节理,其中 EW 方向、SW 和 NW 方向较发育,岩石比较破碎。

水库大坝上游的西北部、西南部和东南部为山地和丘陵地貌,岩石裸露,地形较陡,属侵蚀构造地貌和山前河谷冲洪积堆积地貌。该区基岩多为白垩系莱阳群凝灰岩、火山砾岩和泥质砂岩。自燕山运动以来,上升显著,侵蚀作用强烈,库区两侧山坡多风化成缓坡状,冲沟发育。第四系地层主要为冲洪积地层和残坡积地层,大部分地段基岩裸露,库区两侧堆积大块漂砾和山体崩落的岩石。坝下游谷地相对开阔,为大面积的耕地和村镇区,坝北侧有傍山而建的王圈村。坝上游约 1 千米,右岸山坡处有小王圈村。

五、水文地质

王圈水库处于莲阴河流域中上游,第四系地层多为坡积物和残积物,孔隙多,较疏松,雨水易透入下部基岩裂隙中,同时由于该地区构造复杂,岩石节理和裂隙发育。地下水类型主要为孔隙潜水和裂隙水,具有微承压性,主要补给来源为河流补给和大气降水。因此该区地下水水位浅,水位埋深 $1 \sim 2$ m,单井涌水量小于 100 m³/d,地下水类型为 HCO_3-Ca型,矿化度小于 1 g/L。

第二节 工程概况

一、水利工程

王圈水库位于即墨市东北部 25 km,坝址坐落在店集镇西王圈村东北约 1.2 km 的莲阴河上,坝址以上干流长度 14.1 km,控制流域面积 72km²,流域内多年平均降雨量 635 mm,多年平均径流量 1 220 万 m³。王圈水库总库容为 3 460 万 m³,校核水位 48.30 m,设计洪水位 47.56 m,兴利水位及兴利库容分别为 44.90 m 和 2 180 万 m³,死水位及死库容分别为 31.03 m 和 44 万 m³。王圈水库对百年一遇及千年一遇洪水的削减洪峰分别可以达到 59.5% 和 58.5%[127]。水库建成后,莲阴河洪峰流量可以被减到下游河道安全泄量(422 m³/s)以内,下游河道的防洪能力得到巨大的提高,从而减轻了洪水对下游居民的危害,工程带来了显著的社会效益、经济效益以及环境效益。

王圈水库于 1959 年 11 月开工,1960 年 8 月基本完工,并开始蓄水。后经几次加固改造达到现状规模,枢纽建筑物主要由大坝、溢洪道、输水洞和非常溢洪道等组成。水库现状坝顶高程 50.5 m,坝长 1 115 m,主、副坝均为均质土坝,主坝长 200 m,最大坝高 25.5 m,坝顶宽 6.0 m,副坝长 950 m。迎水坡在高程 44.9 m 处设置一个宽 1 m 的浆砌石戗台,戗台以上坡比为 1:3,戗台以下坡比 1:3 ~ 1:4.5。大坝背水坡为 1:3.0。溢洪道位于大坝东端,型式为开敞式宽顶堰,最大泄量 730 m³/s。堰上设有 WES 型实用堰,高 0.9 m,堰顶宽 30.8 m,堰顶高程 44.9 m,设计泄量 293.2 m³/s,校核泄量 425.9 m³/s。放水洞为廊道式压力钢筋混凝土管,位于大坝 0+760 桩号,全洞长 104.94 m,由廊道、进口段、闸室段、出口段组成,设计流量 3.74 m³/s,设计排洪放水能力 5 m³/s。进口段 49.29 m,闸室段 5.1 m,出口端 50.55 m。进、出口底高程均为 31.03 m。进口喇叭口段长 1.6 m,廊道底宽 1.7 m,高 1.5 m。

二、供水能力

早在 1965 年,王圈水库就建立了灌区,其灌溉面积可达 3.74 万 m²,设计灌溉保证率 50%,最初年设计引水量为 0.133 1 亿 m³,1981 年实际引水只有 0.011 3 亿 m³,远未达到设计引水量,其后由于缺少经费,灌区建筑物失修导致不能利用,水库功能转向供水。1968 年至 1981 年水库向卫东造纸厂供水,年最大供水量 200 万 m³。1989 年水库开始向即墨市城区供水,设计日供水能力 1.8 万吨[127],2003 年水库又开始向即墨市东部区域供水,日供水能力可达 2 万吨,如今王圈水库已经成为即墨市城区及东部区域工业生产和居民生活用水的重要水源地。表 2-1 为 2006 ~ 2011 年王圈水库的实际供水量。

表 2-1　王圈水库管理所 2006～2011 年供水量统计（万 m³）

月　份	2006 年	2007 年	2008 年	2009 年	2010 年	2011 年
1	41.38	69.79	12.54	119.57	59.32	42.45
2	76.80	55.94	20.54	119.57	54.31	2.68
3	48.86	66.43	48.16	47.93	37.11	45.90
4	49.69	58.91	37.21	45.04	46.02	55.60
5	57.72	65.80	31.44	39.58	67.31	46.54
6	62.05	51.29	66.98	57.60	74.12	55.58
7	59.11	55.36	66.34	42.35	81.07	65.00
8	44.64	23.49	57.48	23.52	48.56	48.00
9	23.64	2.22	22.52	18.97	54.05	54.00
10	43.87	3.02	10.54	48.54	42.11	48.00
11	64.86	6.08	42.72	59.57	45.60	61.86
12	68.33	9.44	65.74	58.77	54.21	71.55
合　计	640.95	467.77	481.94	561.44	663.79	597.16

第三节　社会经济现状

　　王圈水库地处即墨市的店集镇、龙泉镇与温泉镇三镇交界，整个流域范围涉及 58 个村庄。即墨市的店集镇位于青岛市近郊，即墨市东北部，总面积 109.8 平方千米，人口 5.1 万。南距青岛国际机场 25 千米；西距青烟一级公路 8 千米，距蓝村铁路蓝村编组站 30 千米；北抵烟台、威海车行均不足 2 小时；青威一级公路纵贯境内 14.4 千米，并与济青高速公路相连，地理位置优越。全镇耕地面积 6 700 公顷，土质肥沃，非常适宜粮食和蔬菜生长。近年来，店集镇着力引进高科技含量企业，加快机械铸造业基地建设和农村劳动力培训转移步伐，形成了以机械铸造加工业为支柱产业，以服装纺织、制鞋、农产品加工等劳动密集型产业为辅的产业发展体系，为实现店集镇又好又快发展，打造经济强镇夯实了基础。

　　温泉镇在青岛市区东部 40 千米处，地处青岛市蓝色硅谷核心区，交通枢纽位置，连接威海三市一区，是威荣、石烟、青威公路的交汇点，交通发达。全镇总面积 88 平方千米，辖 50 个行政村、总人口 5 万，人口自然增长率 1.01‰，是青岛地区待开发的集自然和人文景观为一体的现代旅游居住胜地。该镇境内人文地貌独特，四舍山和钱崮山闻名遐迩；18 千米海岸线，蜿蜒回环；3 处港湾，风光旖旎，适合浅海养殖条件；自然浴场，沙质细腻，大有开发潜力；皋虞古城、古汉墓群、丁戈庄大汶口文化遗址、西周墓群等多处古迹，可修复开发为旅游景点。地热资源得天独厚，面大量广，水质清澈，含硫量低，水温最高达 93 ℃，含有 30 种化学元素，对各种疾病有着显著疗效。这里原有 5 处省、市级疗养院，加上新建的国家石油物探局培训中心、中国银行山东分行金融研修学校、邮电公寓等三家度假村，配有全国最大的室内温泉游泳馆等多处娱乐健身场所，构成了一个规模宏大、环境幽雅、设备和功能齐全的疗养、度假区。

龙泉镇位于山东半岛东南部,在素有"青岛后院"之称的即墨市东郊,东涉黄海,南依崂山,北与华山国际乡村俱乐部毗邻,总面积108.5平方千米。辖65个行政村,人口5.6万,耕地6.9万亩[①],山丘面积1.2万亩。全镇农作物种植面积达10万多亩,农作物以玉米、花生、小麦、地瓜等为主;龙泉镇还是青岛市重要的蔬菜、瓜果生产基地之一,主要种植番茄、黄瓜、辣椒、西瓜等多种蔬菜瓜果;在植树造林事业中,龙泉镇成材林与经济林并举,近几年来,全镇成材林栽植近200万株,经济林达1万亩。养殖业也已形成规模,主要从事鸡、猪、鸭等良种家禽的养殖。

---

① 亩为非法定单位,考虑到生产实际,本书继续保留,一亩 = 666.7 m²。

第三章

王圈水库环境污染的立体监测

在充分掌握王圈水库水源地的自然地理、水库工程概况、库区环境现状和社会经济现状的基础上,对水库水体进行布点监测,同时采集代表性水样和沉积物样品,以确定水库水质与沉积物质量的季节性变化特征。

第一节　采样点布置与监测

一、采样点布置

(一)水质采样点与采样垂线布置

监测点的布置直接关系到监测结果的可靠性和实用性,它必须符合合理性原则、整体性原则、代表性原则、可行性原则和经济性原则。《水环境监测规范》(SL 219—98)中水库采样垂线及采样点的布设要求见表3-1,表3-2。

为了全面掌握王圈水库水体环境特征,在库区设置6个监测断面(A、B、C、D、E、F),并在断面A、B、D、E上各设置3条采样垂线,在断面C及F上设置1条采样垂线,如图3-1所示。此外,在水库的主要入库河流莲阴河入库口设置断面G。采样垂线全部采用GPS准确定位,具体坐标见表3-3。

表3-1　水库采样垂线布设

水面宽(m)	采样垂线布设	岸边有污染带	相对范围
<50	1条(中泓处)	如一边有污染带,增设1条垂线	
50～100	左、中、右3条	3条	左、右设在距湿岸5～10 m处
100～1000	左、中、右3条	5条(增加岸边两条)	岸边垂线距湿岸边陲5～10 m处
>1000	3～5条	7条(增加岸边两条)	

表 3-2　采样点布设

水深(m)	采样点	位置
<5	1	水面下 0.5 m
5～10	2	水面下 0.5m,河底上 0.5 m
>10	3	水面下 0.5m,1/2 水深,河底上 0.5 m

《水环境监测规范》(SL 219—98)指出,水库采样垂线上采样点的布置按表 3-2 要求设置,但出现温度分层现象时,应分别在表温层、斜温层和亚温层布设采样点。根据水库水交换次数法,对王圈水库水温结构进行判别。王圈水库多年平均入库径流量为 1 220 万 m³,总库容 3 460 万 m³,库水交换次数为:

$$a = \frac{多年平均入库径流量}{总库容} = \frac{1\,220}{3\,460} = 0.35 < 10$$

因此,王圈水库属于分层型水库。为了掌握王圈水库水质垂向变化特征,结合水库的实际水深,在采样垂线 A2、B2、D2、E2 处设置采样点进行分层取样,间隔分别为 1 m。其余采样垂线采集水面下 0.5 m 处水样。

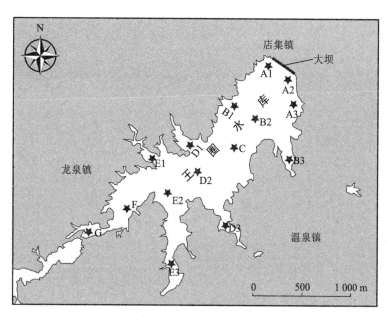

图 3-1　王圈水库水质与底质监测与采样点布置示意图

表 3-3　采样垂线地理坐标

采样垂线	经　度	纬　度
A1	120°36′43.15″E	36°28′60.00″N
A2	120°36′54.43″E	36°28′55.35″N
A3	120°36′55.11″E	36°28′44.79″N
B1	120°36′26.20″E	36°28′45.64″N
B2	120°36′37.37″E	36°28′44.16″N

采样垂线	经　度	纬　度
B3	120°36′53.15″E	36°28′22.58″N
C	120°36′25.44″E	36°28′27.51″N
D1	120°36′3.77″E	36°28′31.14″N
D2	120°36′9.71″E	36°28′20.53″N
D3	120°36′26.26″E	36°27′59.00″N
E1	120°35′46.77″E	36°28′26.12″N
E2	120°35′54.81″E	36°28′12.83″N
E3	120°35′57.16″E	36°27′44.10″N
F	120°35′37.25″E	36°28′6.09″N
G	120°35′18.92″E	36°27′57.84″N

（二）底质采样点布置

根据《水环境监测规范》（SL 219—98），水库沉积物采样点布设应与水库水质采样垂线一致。故底质采样点共布置15个采样点（图3-1），分布于整个水库。这样的采样分布点能够反映王圈水库底质的分布特征。

二、样品采集与前处理

（一）水样

水库水样的监测时间为2011年8月（丰水期）、11月（平水期）和2012年3月（枯水期）。

水样的现场采集选用有机玻璃采水器，根据采样点的布设进行采集。水样采集后，立即转移至聚乙烯瓶中密封保存，以减少与空气的接触，所采水样一部分迅速通过0.45 μm的滤膜过滤，然后立即转移至聚乙烯瓶中，并用 HNO_3 酸化至 pH 小于2，密封保存，用于测定水样中的可溶性铁、锰。在采样前，将采水器及水样储存容器预先洗涤好，采集的水样尽可能快地运送到实验室低温保存，并立刻分析处理；对于不能立即分析的水样，要冷冻保存。

（二）沉积物

沉积物的采集时间与水样的采集时间相同，即丰水期、平水期和枯水期各进行一次采样。选用自制的挖式采样器，采集库底及河底表层沉积物。采样前，采样器应用现场水样冲洗，去除采集的沉积物中石块、树枝等杂物后，装入聚乙烯封口袋，并迅速运回实验室。将一部分新鲜样放置于冰箱中低温保存，用于采集间隙水；在自然条件下将另一部分新鲜样风干。将风干样碾磨后，过20目筛，再以四分法缩分，留够分析用量的样品，碾磨并过100目筛，装瓶备用。

（三）间隙水

间隙水的采集使用离心法。将新鲜的沉积物样品装入离心管后，放入离心机，以

5 000 r/min 的转速离心 10 min,取上清液用微孔滤膜抽滤,所得液体即为间隙水。间隙水水样需低温保存,并尽快进行分析。

三、分析方法

根据王圈水库的水环境状况和研究目的,确定主要监测指标。水样的监测指标是:温度、pH、溶解氧、高锰酸盐指数、总氮、总磷、氨氮、硝酸盐氮、可溶性铁和可溶性锰,沉积物的监测指标分别是:含水量、烧失量、总氮、总磷、氨氮、硝酸盐氮、总铁、总锰。其中,采用 YSI-6 600 型温盐深仪对水温进行现场测定,采用哈希多参数水质分析仪对 pH 进行现场测定,其他参数均选用国家标准分析方法。水库水质和底质的分析项目和方法见表 3-4 和表 3-5。

表 3-4　水库水样和间隙水分析项目和方法

项　目	方　法	方法来源	检出下限 /mg·L^{-1}
水　温	水温计测量法(现场监测)	GB 13195—91	
pH	玻璃电极法(现场监测)	GB 6920—86	
溶解氧	碘量法	GB 7479—87	0.2
高锰酸盐指数	酸性高锰酸盐指数法	GB 11892—89	0.5
总　氮	碱性过硫酸钾消解紫外分光光度法	GB 11894—89	0.05
总　磷	钼酸铵分光光度法	GB 11893—89	0.01
氨　氮	纳氏试剂比色法	GB 7479—87	0.025
硝酸盐氮	紫外分光光度法	HJ/T 346—2007	0.08
可溶性铁	原子吸收分光光度法	GB 5750—85	0.03
可溶性锰	原子吸收分光光度法	GB 11911—89	0.01

表 3-5　水库底质分析项目和方法

项　目	方　法	方法来源
含水量	105 ℃ 烘干法	北京林业大学《土壤理化分析》北京林业大学出版社(2002)
烧失量	550 ℃ 灼烧法	
总　氮	过硫酸盐消化法	
总　磷	HClO$_4$-H$_2$SO$_4$—钼锑抗比色法	
氨　氮	KCl 浸提—靛酚蓝比色法	
硝酸盐氮	酚二磺酸比色法	
总　铁	盐酸-硝酸-氢氟酸-高氯酸消解原子吸收分光光度法	中国环境监测总站《土壤元素的近代分析方法》中国环境科学出版社(1992)
总　锰	盐酸-硝酸-氢氟酸-高氯酸消解原子吸收分光光度法	

第二节 水库的水质变化特征

一、表层的水质变化特征

（一）pH

2011 年 8 月、11 月和 2012 年 3 月水库表层 pH 的变化见图 3-2。从图中可以看出,8 月各点位 pH 值变化范围为 8.55～9.02,3 月份各点位 pH 值变化范围为 8.25～8.58,8 月各监测点位的 pH 值均高于 3 月份。在 11 月份,各监测点位 pH 值差别较大,从库首至库尾呈现出逐渐增大的趋势,各点位 pH 值变化范围为 7.79～9.05。

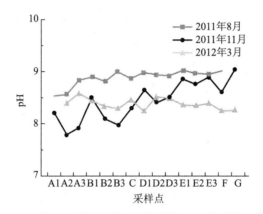

图 3-2   王圈水库不同月份表层各采样点 pH 值变化曲线

（二）水温

2011 年 8 月、11 月和 2012 年 3 月表层水温的变化见图 3-3。从图中可以看出,8 月水温最高,11 月份次之,3 月份水温最低,水温的变化主要受气温的影响。在 8 月份监测的丰水期水温较高,各点水温差别很小,均在 27.5 ℃左右;在 11 月份监测的平水期水温差别也不大,均值约为 16 ℃;枯水期的监测在 3 月份进行,相对于丰水期与平水期,其表层水温波动较大,变化范围为 4.0 ℃至 7.3 ℃。

（三）溶解氧

2011 年 8 月、11 月和 2012 年 3 月水库表层溶解氧浓度的变化见图 3-4。从图中可以看出,3 月份(枯水期),表层水温为 5 ℃左右,相应的溶解氧浓度在 12.0 mg/L 左右;11 月份(平水期),表层水温约为 16 ℃,各点位溶解氧浓度普遍降低,变化范围为 4.1 至 10.1 mg/L;8 月份(丰水期),表层水温约为 27.5 ℃,各点位溶解氧浓度继续降低,变化范围为 5.8 至 8.2 mg/L。枯水期表层溶解氧的浓度最高,且各点浓度值比较接近,只有个别点浓度偏低。在丰水期和平水期,水体溶解氧浓度显著低于枯水期。氧气在水中的溶解度主要受温度的控制,其溶解度随水温的升高而减小。

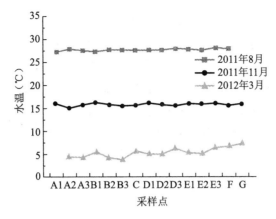

图3-3 王圈水库不同月份表层各采样点水温变化曲线

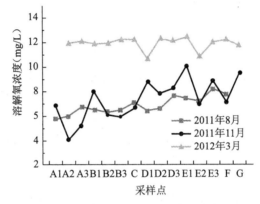

图3-4 王圈水库不同月份表层各采样点溶解氧变化曲线

（四）高锰酸盐指数

2011年8月、11月和2012年3月水库表层高锰酸盐指数的变化见图3-5。从图中可以看出,在8月,库首与库尾的高锰酸盐指数高于库中;11月则相反,库中的高锰酸盐指数高于库首与库尾;3月,库首的高锰酸盐指数高于库中与库尾。3月、8月和11月水库表层高锰酸盐指数的变化范围分别为3.58至5.05 mg/L、4.96至6.27 mg/L和3.16至4.93 mg/L。丰水期水库表层高锰酸盐指数显著高于平水期与枯水期的高锰酸盐指数,这与丰水期径流补给产生的面源污染有关。

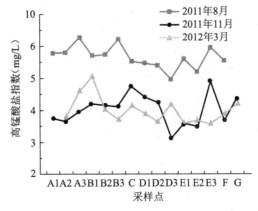

图3-5 王圈水库不同月份表层各采样点高锰酸盐指数变化曲线

（五）可溶性锰

2011 年 8 月、11 月和 2012 年 3 月水库表层可溶性锰浓度的变化见图 3-6。从图中可以看出，夏季（丰水期），表层水可溶解性锰浓度的变化范围较大，为 0.03 至 0.22 mg/L；秋季（平水期），大部分监测点位处溶解性锰浓度低于夏季的相应值，且个别点位未检出溶解性锰（低于检出限的情况均按 0.01 mg/L 计），其浓度变化范围为 0.01 至 0.10 mg/L；春季（枯水期），各点位均未检出溶解性锰。从丰水期到平水期再到枯水期，水库表层水中可溶性锰的浓度依次降低，锰超标主要出现在夏季。

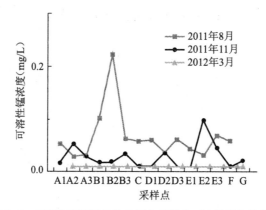

图 3-6　王圈水库不同月份表层各采样点可溶性锰变化曲线

（六）可溶性铁

2011 年 8 月、11 月和 2012 年 3 月水库表层可溶性铁浓度的变化见图 3-7。从图中可以看出，在夏季不同点位表层水溶解性铁浓度的波动较显著，浓度范围为 0.09 至 0.35 mg/L；在秋季各监测点位处溶解性铁浓度均低于夏季的相应值，且个别点位未检出溶解性铁（低于检出限的情况均按 0.03 mg/L 计），其浓度变化范围为 0.03 至 0.21 mg/L；春季，各点位均未检出溶解性铁。可溶性铁的季节性变化趋势与可溶性锰相似，从丰水期到枯水期，水库表层水可溶性铁浓度依次降低。

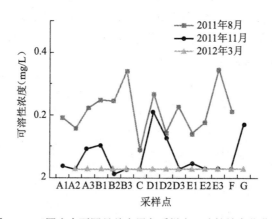

图 3-7　王圈水库不同月份表层各采样点可溶性铁变化曲线

（七）氨氮

2011 年 8 月、11 月和 2012 年 3 月水库表层氨氮浓度的变化见图 3-8。从图中可以看出，在 11 月份，氨氮浓度波动较大，在不同点位的浓度介于 0.025 和 0.099 mg/L 之间；丰水期和枯水期，其浓度变化范围较小，在不同点位的浓度分别介于 0.025 和 0.063 mg/L、0.025 和 0.053 mg/L 之间。3 月份表层水氨氮浓度相对较高，只有个别点位氨氮浓度低于 8 月份和 11 月份的相应值。在春季，水库水温较低，使微生物与浮游植物的活动受到抑制，加之水库水位较低、库容减小，这两方面综合作用导致水体氨氮含量相对较高；秋季和夏季，水温升高使微生物的硝化作用和浮游植物的同化作用增强，增加了对氨氮的消耗。此外，降雨导致水库水位抬升、库容增加，也会对氨氮有一定的稀释作用。

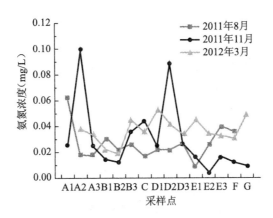

图 3-8　王圈水库不同月份表层各采样点氨氮变化曲线

（八）硝酸盐氮

2011 年 8 月、11 月和 2012 年 3 月水库表层硝酸盐氮浓度的变化见图 3-9。在 11 月份和 3 月份，由于河流入库水量显著降低，因此水体硝酸盐氮含量分布比较均匀，11 月份库首浓度略高，而 3 月份库尾浓度略高。8 月各监测点位硝酸盐氮浓度介于 0.23 与 1.28 mg/L 之间，11 月份和 3 月份硝酸盐氮浓度变化幅度显著减小，变化范围分别为 0.40 至 0.82 mg/L 和 0.59 至 0.92 mg/L。在 8 月份，库中表层水硝酸盐氮浓度低于库首与库尾，其原因是丰水期主要入库河流由库中区域注入水库，而入库河水中硝酸盐氮含量较低，导致水库中段的水体被稀释；水库汇水区内分布大量耕地，灌溉水淋滤农田土壤中硝酸盐氮，这部分硝酸盐氮通过地表径流和地下径流进入水库，是导致水库硝酸盐氮含量急剧升高的主要原因。

（九）总氮

2011 年 8 月、11 月和 2012 年 3 月水库表层总氮浓度的变化见图 3-10。从图中可以看出，8 月总氮浓度在 0.52 至 2.02 mg/L 之间变化，11 月份其变化范围为 0.54 至 2.71 mg/L，3 月份其变化范围介于 0.70 与 1.07 mg/L 之间。相对于 3 月份，8 月和 11 月份水体总氮浓度较高，而且变化幅度较大。在 8 月和 3 月份，水库表层水总氮含量的分布情况与硝态氮相似，且硝酸盐氮是总氮的主要组成成分，所以水库表层总氮浓度很大程度取决于硝酸盐氮的含量;而在11月份两者分布情况差异很大,说明除硝态氮外还有大量其他形态的氮(如有机氮)存在于水库中。

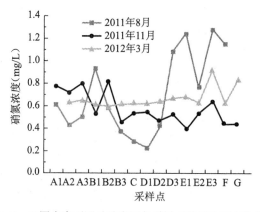

图3-9 王圈水库不同月份表层各采样点硝酸盐氮变化曲线

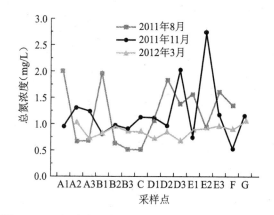

图3-10 王圈水库不同月份表层各采样点总氮变化曲线

（十）总磷

2011年8月、11月和2012年3月水库表层总磷浓度的变化见图3-11。在秋季和春季,水体水温较低,初级生产力受到抑制,所以总磷浓度的空间分布相对均匀。8月份,总磷浓度在0.025至0.320 mg/L之间变化;11月份,其变化范围为0.025至0.136 mg/L;3月份,其变化范围介于0.027与0.072 mg/L之间。相对于枯水期和平水期,丰水期内水体表层不同点总磷浓度差异比较显著。这是因为夏季水温较高,水体初级生产力比较旺盛,然而,水体表层透光带中浮游植物群落的分布可能很不均匀。在浮游植物密度大的区域,磷迅速被消耗,而浮游植物密度小的区域内磷消耗则比较缓慢,这种差异导致总磷浓度的空间分布呈现出很强的不均匀性。

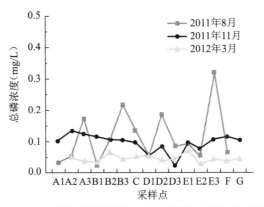

图 3-11 王圈水库不同月份表层各采样点总磷变化曲线

二、水质垂向变化特征

（一）水温

王圈水库不同月份水温垂向分布情况见图 3-12。由图可以看出，水深较深的 A2 及 B2 点水温在 8 月份垂向变化明显，表层水体和底层水体温差可分别达到 8 ℃和 6 ℃。A2 处水温由表层的 27.89 ℃降至了底层的 19.57 ℃，0～8 m 水温在 26.02～27.89 ℃，8 m 以下迅速下降，降幅达到 2.15 ℃/m，而 11 月份和 3 月份水温垂向分布均匀。水深较浅的 D2 和 E2 点在不同月份水温在垂向上变化不大。

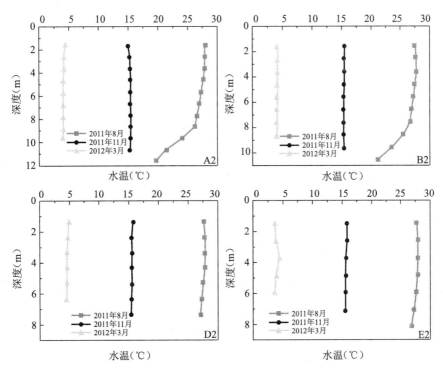

图 3-12 王圈水库不同月份各采样点水温垂向分布图

造成水库水体夏季温度分层的主要原因是在太阳辐射等的作用下，表层水体水温升高,密度减小,而底层水体水温低,密度大,整个水库处于静力学稳定状态,水体垂向混合弱,热量无法向下传输,从而形成温度分层。秋季表层水温随气温下降而下降,水体密度增加,水库在垂向上出现混合,从而使水质分布均匀。

（二）pH

王圈水库 pH 垂向分布情况见图 3-13。由图可以看出,不同点位 8 月份水体 pH 垂向上总体呈减小趋势,这是由于丰水期水库水体分层,底层水体处于还原状态导致水体 pH 下降。其余月份垂向变化规律不明显。

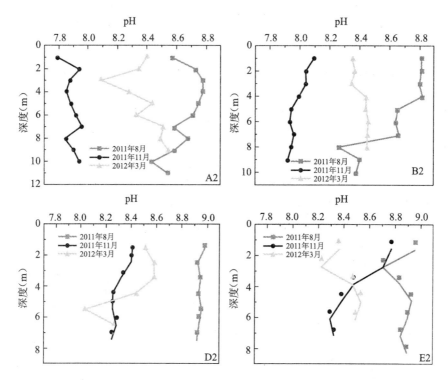

图 3-13　王圈水库不同月份各采样点 pH 垂向分布图

（三）溶解氧

王圈水库不同月份溶解氧垂向分布情况见图 3-14。由图可以看出,在 8 月份,水深较深的 A2 及 B2 溶解氧浓度在垂向上变化显著,坝前水体溶解氧浓度由表层 6.03 mg/L 下降至底层的 3.54 mg/L,下降明显。且 0～8 m 水体溶解氧变化不大,浓度在 5.82～6.79 mg/L 之间,8 m 以下迅速减少,这和水温的垂向变化规律基本相同,体现了水温分层对溶解氧浓度垂向分布的影响。水温分层导致水体垂向混合弱,溶解氧不能向下传输,底层溶解氧消耗后得不到补给。在平水期和枯水期时,溶解氧垂向分布均匀,这是由于水库水温分层消失后,水体垂向混合均匀。而由于 D2 和 E2 点水深较浅,水体受风等影响混合作用强,不同月份溶解氧垂向分布变化不大。

（四）高锰酸盐指数

王圈水库不同月份高锰酸盐指数垂向分布情况见图 3-15。由图可以看出,8 月 A2 点垂向上高锰酸盐指数在 4.15～6.81 mg/L 之间,0～8 米在 4.15～4.84 mg/L,从 8 米处开始逐渐升高,到底层 12 米处达到 6.81 mg/L,这与上述水温和溶解氧的变化趋势一致。B2 垂线也有类似的规律,而 D2 和 E2 垂线上高锰酸盐指数在不同月份的变化无明显规律。

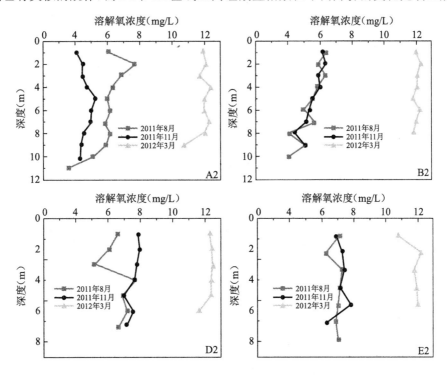

图 3-14　王圈水库不同月份各采样点溶解氧垂向分布图

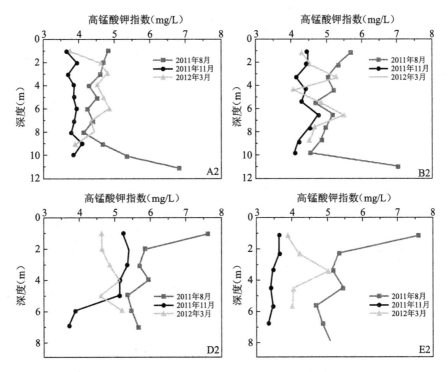

图 3-15　王圈水库不同月份各采样点高锰酸盐指数垂向分布图

（五）可溶性锰

王圈水库不同月份可溶性锰垂向分布情况见图 3-16。由图可以看出，A2 和 B2 点 0～8 m 水体可溶性锰浓度在不同月份时变化不大，除 B2 表层异常外，浓度均在 0.1 mg/L 以下。在 8 m 处以下，8 月可溶性锰迅速增大，浓度最大达到 0.98 mg/L，而 11 月份和 3 月份时的浓度小于 0.1 mg/L。可溶性锰浓度垂向分布规律与上述水温和溶解氧变化规律一致，这体现了水温分层对水质的影响。在 8 月，由于水温分层，底层由于溶解氧消耗形成还原条件，从而有利于沉积物中锰污染的释放，从而使可溶性锰含量增加；在 11 月份与 3 月份时，底层可溶性锰没有超标，这也进一步体现水温分层对可溶性锰分布的影响。D2 和 E2 点不同月份可溶性锰垂向上浓度基本都小于 0.1 mg/L。

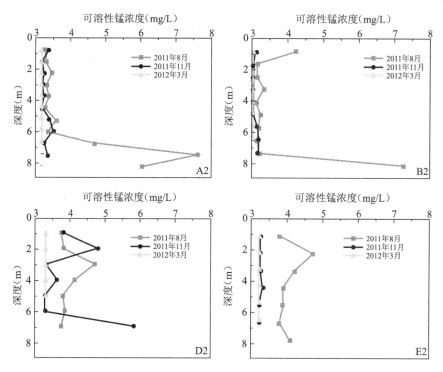

图 3-16　王圈水库不同月份各采样点可溶性锰垂向分布图

（六）可溶性铁

王圈水库不同月份可溶性铁垂向分布情况见图 3-17。由图可以看出，总体上，8 月份和 11 月份时不同深度水体可溶性铁浓度范围在 0.09～0.63 mg/L，远大于 3 月份（可溶性铁均未检出记为 0.03 mg/L）。在 A2、B2 点，8 月份时可溶性铁分布与可溶性锰类似，上层水体分布较均匀，到 8 m 以下迅速升高，最大达 0.63 mg/L，而 11 月份时可溶性铁含量并不像可溶性锰一样减少。

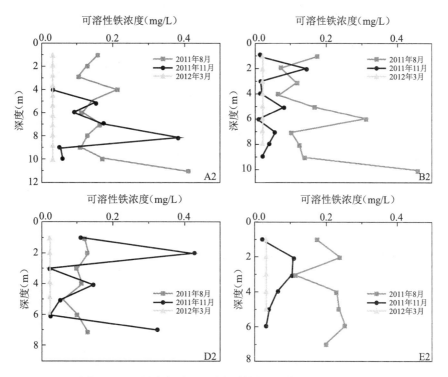

图 3-17　王圈水库不同月份各采样点可溶性铁垂向分布图

（七）氨氮

王圈水库不同月份氨氮垂向分布情况见图 3-18。由图可以看出，A2 和 B2 处，氨氮垂向分布规律明显，11 月份和 3 月份浓度较小，最大浓度仅为 0.11 mg/L；8 月份时上层水体浓度依然很小，底层水体氨氮突然增大，分别达到了 0.32 mg/L 和 0.16 mg/L。这与上述水温、溶解氧、可溶性锰等规律一致，丰水期水温的分层使水库底部溶解氧减少，形成还原条件，从而使得其他类型的氮还原成氨氮。D2 和 E2 处不同月份不同深度氨氮浓度均很小，没有明显分布规律。

（八）硝酸盐氮与总氮

王圈水库不同月份硝酸盐氮和总氮垂向分布情况分别见图 3-19、图 3-20。由图可以看出，不同月份时，王圈水库不同点处硝酸盐氮和总氮在垂向上变化规律不明显，没有形成显著的物质浓度梯度。

（九）总磷

王圈水库不同月份总磷垂向分布情况见图 3-21。由图可以看出，采样垂线 A2、B2 处总磷在 8 月份时分布规律与上述的水温、溶解氧等一致，上层水体总磷浓度变化不大，8m 以下开始迅速升高，底层浓度分别达到 0.31 mg/L 和 0.25 mg/L，而 11 月份和 3 月份总磷垂向变化不大。夏季底层总磷的增加同样来自于沉积物在还原条件下的释放。

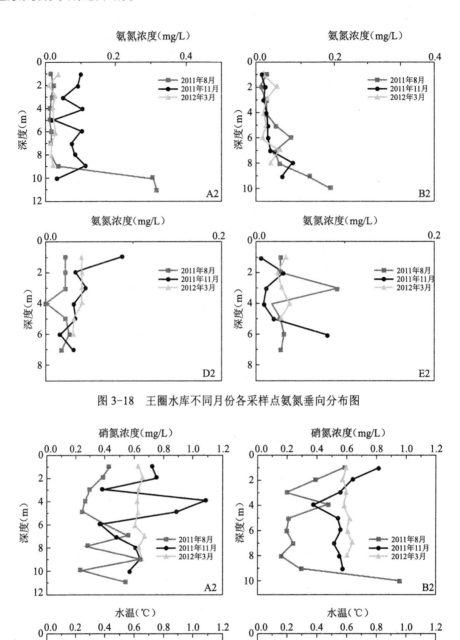

图 3-18 王圈水库不同月份各采样点氨氮垂向分布图

图 3-19 王圈水库不同月份各采样点硝酸盐氮垂向分布图

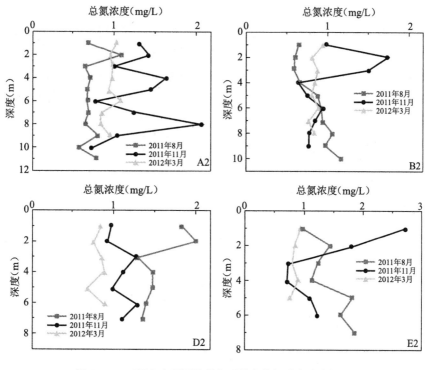

图 3-20　王圈水库不同月份各采样点总氮垂向分布图

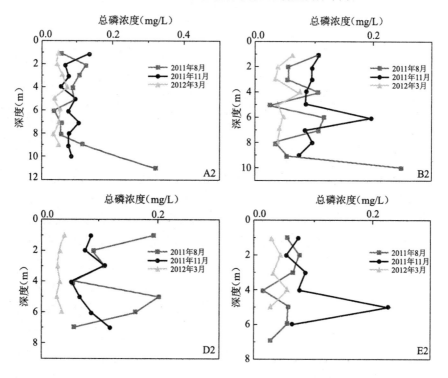

图 3-21　王圈水库不同月份各采样点总磷垂向分布图

（十）铁锰污染与影响因素的相关性分析

通过对王圈水库 2011 年 8 月（丰水期）、11 月（平水期）和 2012 年 3 月（枯水期）水质的动态监测可以看出，水库中铁锰含量随季节的变化而变化，铁锰污染出现在 2011 年 8 月（丰水期），而且多集中于水深 8 m 处以下，其分布规律同水温、溶解氧、氨氮和总磷一致。

根据坝前水体（A2）8 月份可溶性铁锰的含量，计算它们与其他因素间的相关性，见表 3-6。可以看出，可溶性铁锰含量与水温、溶解氧、氨氮、总磷相关系数都较高，说明了水温的分层和溶解氧下降影响了底层水体可溶性铁锰含量的大小，且铁锰的释放同氨氮的增加以及总磷的释放有较好的相关性。

表 3-6　可溶性铁锰含量与其他因素相关性

其他因素	可溶性锰与其他因子		可溶性铁与其他因子	
	关系表达式	r^2	关系表达式	r^2
水　温	$y = -8.1994x + 27.48$	0.8201	$y = -22.592x + 29.514$	0.4671
溶解氧	$y = -2.2489x + 6.4283$	0.4848	$y = -8.8232x + 7.2453$	0.4172
氨　氮	$y = 0.3496x - 0.002$	0.8727	$y = 0.9757x - 0.0908$	0.5100
总　磷	$y = 0.2156x + 0.0697$	0.6611	$y = 0.7483x - 0.0096$	0.5974

第三节　底质的物理-化学特征

王圈水库库区流域内没有工业企业，无工业污水流入，农村生活污水也只有极少量流入库内。因此，水库锰超标可以排除人为污染。另外，王圈水库中上游的莲阴河发源于莲花山东麓和四舍山的西北麓，河道全长 35 千米，该河基本属于排洪河道。由于上游水土流失严重，河床升高，使得下游村庄常遭受洪水侵袭，为此在莲阴河上游加强水土保持，在河道上修建王圈水库。库区周围出露基岩，岩性为中生界白垩系王氏组泥质粉砂岩、砂岩和青山组凝灰质砂砾岩，岩石风化强烈，所以水库底泥中的锰释放是潜在的污染源。

一、底泥

底泥的含水率和烧失量（有机质含量）对营养盐的富集和释放有重要的影响。含水率的大小可以反映底泥的疏松情况，直接影响底泥的再悬浮程度，而底泥的再悬浮过程是营养盐在底泥与上覆水之间重新分配的重要途径[128,129]。烧失量可粗略估计底泥中有机质的含量多少。

王圈水库底泥的含水量和烧失量见图 3-22。由图可以看出，王圈水库库底沉积物含水量变化范围比较大，在 30%～70% 之间。整体上看，在不同月份时，含水量变化不大；在水平方向各个断面间，没有明显的变化规律；而在同一断面上，中泓线处（A2、B2、D2、E2）含水量普遍较近岸处要高。烧失量的变化范围是 2%～12%，其中库中心 B2 点处最大。这是由于细粒黏土和有机质主要沿中泓线沉积。

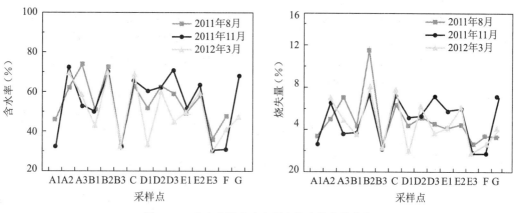

图 3-22 水库底泥中含水量和烧失量变化曲线

不同采样点底泥中硝酸盐氮、氨氮、总氮、总磷的含量分布见图 3-23,可以看出,底泥中氨氮和硝酸盐氮在总氮中只占很小的比例,这说明有机氮含量较高。总氮含量在 650～2 100 mg/kg 之间,其中氨氮在不同时期含量有所不同,丰水期与平水期含量总体大于枯水期,这是由于底层水体处于还原条件,有机氮还原为氨氮所致。总磷含量在 100～1 100 mg/L。

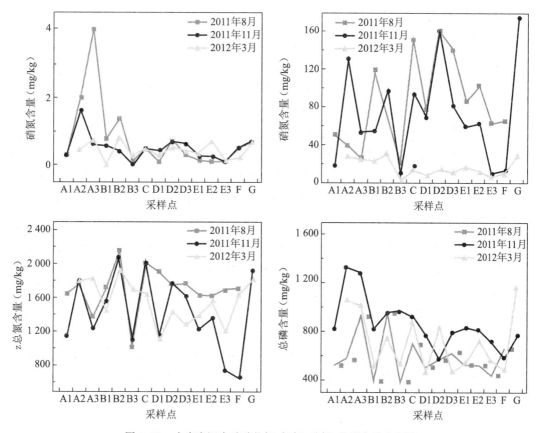

图 3-23 水库底泥中硝酸盐氮、氨氮、总氮、总磷含量分布图

不同采样点底泥中总锰和总铁的含量分布见图 3-24,总体上而言,不同月份总锰和总铁的含量变化不大,水平方向上,同一断面上中泓线处铁锰含量相对于近岸处要高,说明在水流的作用下,铁锰沉积于库中。总锰含量在 269.3～2 554 mg/L 之间,总铁含量在 11 379.7～31 115.3 mg/L 之间。

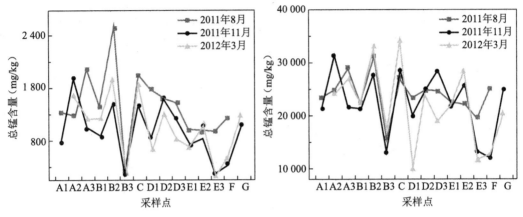

图 3-24   水库底泥中总锰、总铁含量分布图

二、间隙水

通常情况下,底泥中的污染物质释放时,首先进入沉积物间隙水,进而向上覆水体扩散,扩散的强度主要取决于间隙水与水库中溶质的浓度梯度。因此对间隙水中营养盐及铁锰的测定是非常有必要的。沉积物间隙水中硝酸盐氮、氨氮、总氮、总磷的含量分布见图 3-25,可以看出,3 月份间隙水中硝酸盐氮的含量大于 8 月份和 11 月份,这说明丰水期和平水期硝酸盐氮被还原成氨氮,氨氮分布特征也进一步说明了这一点。

沉积物间隙水中铁锰的含量分布见图 3-26,总体上来说,8 月份时铁锰含量均大于 3 月份,这与底层水体铁锰不同月份的变化规律相同,说明丰水期铁锰主要来自内源释放。而 11 月份时,铁含量降至与 3 月份同一水平,而锰含量仍较高,这是由于锰比铁更容易释放造成的。

监测结果表明,夏季初,水温及溶解氧分布较均匀,库底呈氧化状态,锰未被还原而浓度较低。随着气温的升高,上层水温持续升高,到 8 月中旬,水温分层明显,水深 8 m 处形成温跃层,起到一种密度屏障作用,使得上下水体缺乏对流运动,导致水库表层溶解氧难以进入库底,下层原有溶解氧因消耗,水体处于还原状态,从而导致富含锰的底泥向水体释放锰。到夏季末,气温下降,上层水体水温下降,温跃层逐渐消失,对流运动加强,导致水体翻转,下层可溶性锰向上迁移,其中大部分可溶性锰氧化沉淀,污染仍集中在库底。到秋季末,整个水体处于氧化状态,大部分锰储存在沉积物中,水中可溶性锰含量低。可见,水库水温分布直接影响了溶解氧的分布,从而影响锰的释放,季节性缺氧造成的内源释放是导致王圈水库锰含量超标的主要原因。

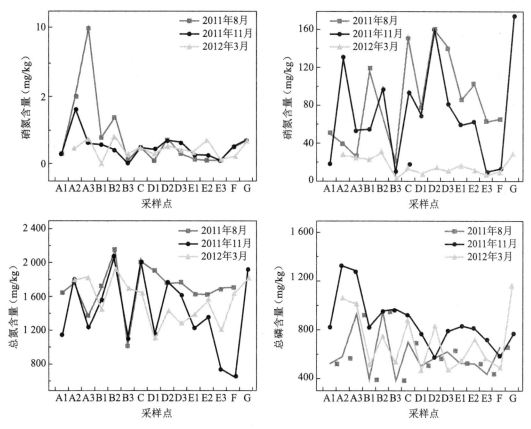

图 3-25 沉积物间隙水中硝酸盐氮、氨氮、总氮、总磷含量分布图

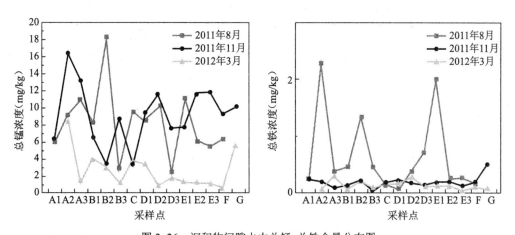

图 3-26 沉积物间隙水中总锰、总铁含量分布图

第四节 小结

通过对王圈水库水质和底质的立体监测,可以得到以下结论:

(1)在水平方向上,王圈水库水体污染物浓度变化不显著,其中有机污染、铁锰污染

随着季节的变化而变化,丰水期污染明显高于平水期和枯水期;在垂直方向上,丰水期时近坝区域形成水温分层,底层的氨氮、可溶性铁锰含量显著增加,污染严重。

(2)王圈水库底泥中的总氮总磷、铁锰含量均较高,且不同月份的含量变化不大,相对稳定。空间分布上,同一断面中泓线处的污染大于近岸处。间隙水中铁锰含量以及硝酸盐氮总氮随着季节的变化而变化,总体上丰水期时的浓度大于平水期和枯水期。

(3)王圈水库锰含量超标的主要原因是在水库水深较大的区域,由于水体出现温跃层,上下水体缺乏交换,下层水体溶解氧逐渐被耗尽而使下层水体变成还原环境,低价铁、锰等污染物就释放出来,造成下层水体污染。

第四章

水库环境质量评价

根据王圈水库水质监测资料,利用单因子评价法和模糊评价法,对该水库水质进行综合评价。此外,采用有机指数法对底质营养程度进行评价,采用地积累指数法和潜在生态危害指数法对底质重金属污染程度进行评价。

第一节 水质评价

一、评价因子与评价标准

根据监测数据以及王圈水库水质的实际情况,选取 pH、溶解氧(DO)、高锰酸盐指数(COD_{Mn})、氨氮(NH_4^+-N)、硝酸盐氮(NO_3^--N)、总氮(TN)、总磷(TP)、铁(Fe)和锰(Mn)等9个代表性指标作为评价因子。

根据青岛市地表水功能区划,王圈水库的保护区级别为二级,故采用地表水环境质量标准(GB 3838—2002)中的Ⅲ类标准作为水库水质评价标准,其中包括集中式生活饮用水地表水源地补充项目中的铁、锰和硝酸盐,各项目标准限值如表4-1所示。

表4-1 地表水环境质量标准限值

标准值 分类 (mg/L) 项 目	Ⅰ类	Ⅱ类	Ⅲ类	Ⅳ类	Ⅴ类
DO	7.5	6	5	3	2
COD_{Mn}	2	4	6	10	15
NH_4^+-N	0.15	0.5	1.0	1.5	2.0
TN	0.2	0.5	1.0	1.5	2.0
TP	0.01	0.025	0.05	0.1	0.2

续表

标准值　分类 （mg/L） 项　目	Ⅰ类	Ⅱ类	Ⅲ类	Ⅳ类	Ⅴ类
pH			6～9		
NO$_3^-$-N			10		
Mn			0.1		
Fe			0.3		

二、评价方法

（一）单因子评价法

根据水体各项水质参数的监测值与相应标准浓度值进行比较，如果监测值小于或等于相应标准值，说明该水质因子符合要求。也就是水质因子的标准指数≤1时，水质因子在评价水体中的浓度符合水域功能及水环境质量标准的要求。整个水体的类别以最劣一项污染指标为标准。

（二）模糊数学评价法

单因子指数评价法虽然可以直接反映水质状况和标准之间的关系，但实际上，它只考虑了最突出因子的影响，弱化了其他因子的作用，故本书还采用模糊数学评价法对水质进行综合评价。具体步骤包括：① 建立水质评价因子集合及等级集合；② 建立单因子评价矩阵；③ 确定各因素的权重；④ 建立水质评价模型，计算评价结果。

三、评价结果

（一）单因子评价

1. 表层水体水质评价结果

根据单因子指数评价方法，得出王圈水库2011～2012年间丰水期、平水期和枯水期各个监测点位表层水质的评价结果，分别见表4-2、表4-3、表4-4。

1）丰水期

由表4-2可知，所有监测点丰水期表层水体大部分指标的浓度正常，一部分指标个别点有超标现象，还有一部分指标超标严重。其中，所有监测点的DO、pH、NH$_4^+$-N和NO$_3^-$-N都不超标；E1点和F点的COD$_{Mn}$的值超标0.01倍，B2点的Mn值超标1.22倍，B3点和F点的Fe值分别超标0.14和0.16倍，其他点含量不超标；TN在A2、A3、B2、B3、C和E2点的值不超标，其他点均有不同程度的超标现象；TP为超标最严重的指标，除了B1点的TP值未超标，其他点TP的含量都较高，其中B3点含量最高，超标3.37倍。

根据评价结果可知，水库丰水期表层水体的主要超标项目是TN和TP，有5个监测点的TN和6个监测点的TP含量超出Ⅳ类标准，满足Ⅴ类标准；COD$_{Mn}$超出Ⅲ类标准，满足Ⅳ类标准；DO、NH$_4^+$-N满足Ⅲ类标准；pH满足规定下限；NO$_3^-$-N未超标；有1个监测点的Mn值和2个点的Fe值超出标准。因此，丰水期水库表层水的水质类别为Ⅴ类。

2）平水期

从表 4-3 可以看出,所有监测点平水期表层水体大部分指标的浓度正常,TN 和 TP 超标严重。其中,所有监测点的 DO、COD_{Mn}、NH_4^+-N、NO_3^--N、Mn 和 Fe 的值都不超标;G 点的 pH 值超标,但超标程度很低;TN 在 A2、A3、C、D1、D3、E2、E3 和 G 点的都超标,其中 D3 和 E2 两点的超标倍数分别为 1.03 和 1.72,其他超标点污染程度较低;平水期 TP 的超标情况依然很严重,除了 D3 点的 TP 值未超标,其他点 TP 的含量都较高,其中 A2 点含量最高,超标 1.72 倍。

根据评价结果可知,水库平水期表层水体的主要超标项目是 TN 和 TP,有 2 个监测点的 TN 和 9 个监测点的 TP 含量超出 Ⅳ 类标准,满足 Ⅴ 类标准;COD_{Mn}、DO、NH_4^+-N 满足 Ⅲ 类标准;pH 满足规定下限;NO_3^--N、Mn 和 Fe 也都未超标。因此,平水期水库表层水的水质类别为 Ⅴ 类。

3）枯水期

根据表 4-4 得知,枯水期水质良好,所有监测点平水期表层水体大部分指标的浓度正常,TN 和 TP 有个别点超标。其中,所有监测点的 DO、pH、COD_{Mn}、NH_4^+-N、NO_3^--N、Mn 和 Fe 的值都不超标;TN 在 A2 和 G 点超标,分别超标 0.03 和 0.07 倍,说明氮污染程度不严重;TP 的超标情况有很大缓解,只在 B2、C、D1 和 E1 点出现超标情况,超标倍数介于 0.04～0.44,说明枯水期水库磷污染也很轻微。

根据评价结果可知,水库枯水期表层水体的主要超标项目是 TN 和 TP,其值超出 Ⅲ 类标准,满足 Ⅳ 类标准;COD_{Mn}、DO、NH_4^+-N 满足 Ⅲ 类标准;pH 满足规定下限;NO_3^--N、Mn 和 Fe 也都未超标。因此,枯水期水库表层水的水质类别为 Ⅳ 类。

表4-2　王圈水库丰水期表层水质单因子指标评价成果表

采样点	DO		pH		COD_Mn		NH4+-N		TN		TP		NO3--N	Mn	Fe
	指数	超标状况	指数	超标状况	指数	超标倍数	指数	超标倍数	指数	超标倍数	指数	超标倍数	超标倍数	超标倍数	超标倍数
A1	0.736	否	0.700	否	0.775	—	0.063	—	2.017	1.02	0.711	—	—	—	—
A2	0.640	否	0.790	否	0.785	—	0.018	—	0.684	—	1.117	0.12	—	—	—
A3	0.395	否	0.720	否	0.920	—	0.018	—	0.695	—	3.421	2.42	—	—	—
B1	0.504	否	0.675	否	0.950	—	0.032	—	1.971	0.97	0.508	—	—	—	—
B2	0.541	否	0.675	否	0.905	—	0.023	—	0.644	—	2.132	1.13	—	1.22	—
B3	0.487	否	0.735	否	1.000	—	0.027	—	0.518	—	4.365	3.37	—	—	0.14
C	0.278	否	0.625	否	0.935	—	0.018	—	0.518	—	2.741	1.74	—	—	—
D1	0.521	否	0.755	否	0.990	—	0.023	—	1.079	0.08	1.117	0.12	—	—	—
D2	0.451	否	0.740	否	0.975	—	0.023	—	1.845	0.85	3.756	2.76	—	—	—
D3	0.092	否	0.685	否	0.960	—	0.027	—	1.382	0.38	1.726	0.73	—	—	—
E1	0.167	否	0.680	否	1.010	0.01	0.009	—	1.576	0.58	1.929	0.93	—	—	—
E2	0.240	否	0.695	否	0.980	—	0.027	—	0.948	—	1.117	0.12	—	—	—
E3	0.130	否	0.625	否	0.975	—	0.041	—	1.608	0.61	2.396	1.40	—	—	—
F	0.056	否	0.630	否	1.010	0.01	0.036	—	1.365	0.37	1.320	0.32	—	—	0.16

表 4-3 王圈水库平水期表层水质单因子指标评价成果表

采样点	DO		pH		COD_{Mn}		NH_4^+-N		TN		TP		NO_3^--N	Mn	Fe
	指数	超标状况	指数	超标状况	指数	超标倍数	指数	超标倍数	指数	超标倍数	指数	超标倍数	超标倍数	超标倍数	超标倍数
A1	0.598	否	0.615	否	0.625	—	0.025	—	0.959	—	2.116	1.12	—	—	—
A2	1.182	是	0.395	否	0.611	—	0.099	—	1.322	0.32	2.721	1.72	—	—	—
A3	0.946	否	0.465	否	0.660	—	0.025	—	1.251	0.25	2.519	1.52	—	—	—
B1	0.367	否	0.750	否	0.702	—	0.015	—	0.819	—	2.318	1.32	—	—	—
B2	0.775	否	0.545	否	0.695	—	0.013	—	0.968	—	2.116	1.12	—	—	—
B3	0.817	否	0.485	否	0.688	—	0.036	—	0.918	—	2.116	1.12	—	—	—
C	0.654	否	0.650	否	0.793	—	0.044	—	1.133	0.13	1.915	0.92	—	—	—
D1	0.228	否	0.815	否	0.737	—	0.025	—	1.118	0.12	1.108	0.11	—	—	—
D2	0.421	否	0.705	否	0.709	—	0.089	—	0.968	—	1.713	0.71	—	—	—
D3	0.338	否	0.765	否	0.526	—	0.028	—	2.030	1.03	0.504	—	—	—	—
E1	0.059	否	0.930	否	0.597	—	0.017	—	0.755	—	1.915	0.92	—	—	—
E2	0.589	否	0.500	否	0.582	—	0.004	—	2.715	1.72	1.511	0.51	—	—	—
E3	0.200	否	0.950	否	0.821	—	0.017	—	1.204	0.20	2.116	1.11	—	—	—
F	0.564	否	0.805	否	0.618	—	0.013	—	0.543	—	2.318	1.32	—	—	—
G	0.073	否	1.025	是	0.730	—	0.011	—	1.157	0.16	2.116	1.12	—	—	—

表 4-4　王圈水库枯水期表层水质单因子指标评价成果表

采样点	DO 指数	DO 超标状况	pH 指数	pH 超标状况	COD_{Mn} 指数	COD_{Mn} 超标倍数	NH_4^+-N 指数	NH_4^+-N 超标倍数	TN 指数	TN 超标倍数	TP 指数	TP 超标倍数	NO_3^--N 超标倍数	Mn 超标倍数	Fe 超标倍数
A2	0.134	否	0.700	否	0.629	—	0.038	—	1.033	0.03	0.955	—	—	—	—
A3	0.108	否	0.790	否	0.766	—	0.034	—	0.736	—	0.792	—	—	—	—
B1	0.098	否	0.720	否	0.841	—	0.023	—	0.829	—	0.710	—	—	—	—
B2	0.135	否	0.675	否	0.670	—	0.019	—	0.959	—	1.281	0.28	—	—	—
B3	0.135	否	0.675	否	0.670	—	0.019	—	0.959	—	0.873	—	—	—	—
C	0.042	否	0.735	否	0.690	—	0.036	—	0.866	—	1.036	0.04	—	—	—
D1	0.268	否	0.625	否	0.649	—	0.053	—	0.724	—	1.118	0.12	—	—	—
D2	0.068	否	0.755	否	0.608	—	0.041	—	0.847	—	0.792	—	—	—	—
D3	0.033	否	0.740	否	0.697	—	0.034	—	0.699	—	0.873	—	—	—	—
E1	0.026	否	0.685	否	0.598	—	0.045	—	0.903	—	1.444	0.44	—	—	—
E2	0.249	否	0.680	否	0.615	—	0.034	—	0.922	—	0.547	—	—	—	—
E3	0.033	否	0.695	否	0.597	—	0.032	—	0.964	—	0.873	—	—	—	—
F	0.004	否	0.625	否	0.642	—	0.030	—	0.903	—	0.792	—	—	—	—
G	0.039	否	0.630	否	0.701	—	0.049	—	1.070	0.07	0.873	—	—	—	—

2. 垂向水质评价结果

根据现场监测发现,王圈水库夏季上下层水体温度差异大,使水库出现分层现象,导致底层水体污染物含量升高。此外,该水库出水洞位于大坝底部,所以只对表层水库水进行评价不能完全反映出水体的整体真实情况,还需要对水库垂向水质进行评价。

根据水质单因子指数评价方法,对 2011～2012 年间丰水期、平水期和枯水期 A2、B2、D2 和 E2 点(垂直断面)表层水、底层水以及垂向上各点的均值进行评价,结果分别见表 4-5～表 4-7。

1)丰水期

由表 4-2 可知,在丰水期 4 个监测点(垂直断面)的 pH、NH_4^+-N 和 NO_3^--N 浓度都满足标准,但 TN 和 TP 超标较严重。

A2 点底层 DO、COD_{Mn}、TP、Mn 和 Fe 都超标,而表层水除了 TP 超标 0.12 倍外,其他指标都不超标,此点垂向均值的 TP 和 Mn 超标。B2 点底层 DO、COD_{Mn}、TN、TP、Mn 和 Fe 都超标,而表层水除了 TP 超标 1.13 倍、Mn 超标 1.22 倍外,其他指标都不超标,此点垂向各点均值的 TP 和 Mn 超标。需要注意的是,这两点底层水的 Mn 含量都严重超标,分别超标 5.39 和 6.70 倍,铁也有一定程度的超标情况,这是水库夏季水温分层,导致底层水缺氧,铁锰向上覆水释放的结果。

D2 和 E2 点的评价结果相似,除了 D2 表层水 COD_{Mn} 超标 0.11 倍外,这两点各层水的 DO、pH、NH_4^+-N、NO_3^--N、Mn 和 Fe 都未超标,但 TN 和 TP 超标较严重。

根据评价结果可知,水库丰水期底层水体的主要超标项目是 TN、TP 和 Mn,TN 超出 Ⅲ 类标准,满足 Ⅳ 类标准,而 TP 超出 Ⅴ 类标准;DO、COD_{Mn} 超出 Ⅲ 类标准,满足 Ⅳ 类标准;pH 满足规定下限;NH_4^+-N 满足 Ⅲ 类标准;NO_3^--N 未超标;有 2 个监测点的 Fe 值超出标准。因此,丰水期该 4 点水库底层水的水质类别为劣 Ⅴ 类。

2)平水期

由表 4-2 可知,在平水期 A2、B2、D2 和 E2 点的 pH、COD_{Mn}、NH_4^+-N 和 NO_3^--N 浓度都满足标准,不超标,TN 和 TP 超标较严重。

A2 点底层 DO、TP 超标,表层水和垂向均值的 DO、TN、TP 超标,Mn 和 Fe 都未超标;B2 点底层 DO、TN、TP 超标,而表层水只有 TP 超标 1.17 倍,垂向均值的 TN 和 TP 分别超标 0.001 倍和 1.05 倍,Mn 和 Fe 都未超标。D2 和 E2 点的评价结果相似,除了 D2 点底层水 Mn 和 Fe 分别超标 0.62 倍和 0.31 倍外,这两点各层水的 DO、pH、COD_{Mn}、NH_4^+-N、NO_3^--N 都未超标,但 TN 和 TP 超标较严重。

根据评价结果可知,水库平水期底层水体的主要超标项目是 TN、TP,其值超出 Ⅲ 类标准,满足 Ⅳ 类标准;DO 超出 Ⅲ 类标准,满足 Ⅳ 类标准;pH 满足规定下限;COD_{Mn} 和 NH_4^+-N 满足 Ⅲ 类标准;NO_3^--N 未超标;有 1 个监测点的 Mn 和 Fe 值超出标准。因此,平水期该 4 点水库底层水的水质类别为 Ⅳ 类。

3)枯水期

由表 4-2 可知,枯水期水质良好,A2、B2、D2 和 E2 点在枯水期的 DO、pH、COD_{Mn}、NH_4^+-N、NO_3^--N 以及 Mn 和 Fe 的浓度都满足标准,不超标,TN 和 TP 有个别点超标。

A2 点底层 TP 超标 0.04 倍,表层水 TN 超标 0.03 倍,垂向均值的各指标都未超标;

B2 点仅表层 TP 超标 0.28 倍,底层和垂向均值的各指标都未超标。D2 和 E2 点的评价结果相同,无论是表层水还是底层水,各指标都没有超标现象。

根据评价结果可知,水库枯水期底层水体的主要超标项目是 TN、TP,个别点超出Ⅲ类标准,满足Ⅳ类标准,大部分点还是满足Ⅲ类标准;DO、COD_{Mn}、NH_4^+-N 标准,满足Ⅲ类标准;pH 满足规定下限;NO_3^--N、Mn 和 Fe 未超标。因此,枯水期 A2、B2、D2 和 E2 点水库底层水的水质类别为Ⅳ类。

表4-5　王圈水库丰水期垂向断面水质单因子评价成果表

采样点		DO 指数	DO 超标状况	pH 指数	pH 超标状况	COD$_{Mn}$ 指数	COD$_{Mn}$ 超标倍数	NH$_4^+$-N 指数	NH$_4^+$-N 超标倍数	TN 指数	TN 超标倍数	TP 指数	TP 超标倍数	NO$_3^-$-N 超标倍数	Mn 超标倍数	Fe 超标倍数
A2	表层	0.640	否	0.785	否	0.807	—	0.018	—	0.684	—	1.117	0.12	—	—	—
	底层	1.350	是	0.770	否	1.136	0.14	0.320	—	0.793	—	6.396	5.40	—	5.39	0.37
	均值	0.777	否	0.738	否	0.790	—	0.081	—	0.732	—	2.112	1.11	—	1.50	—
B2	表层	0.541	否	0.905	否	0.854	—	0.023	—	0.644	—	2.132	1.13	—	1.22	—
	底层	1.259	是	0.690	是	1.037	0.04	0.167	—	1.170	0.12	4.975	3.98	—	6.70	1.13
	均值	0.972	否	0.785	否	0.797	—	0.072	—	0.821	—	1.827	1.83	—	0.45	—
D2	表层	0.451	否	0.975	否	1.108	0.11	0.023	—	1.845	0.85	3.756	2.76	—	—	—
	底层	0.449	否	0.960	否	0.775	—	0.018	—	1.365	0.37	1.117	0.12	—	—	—
	均值	0.489	否	0.970	否	0.804	—	0.020	—	1.632	0.63	2.177	1.18	—	—	—
E2	表层	0.240	否	0.980	否	0.782	—	0.027	—	0.948	—	1.117	0.12	—	—	—
	底层	0.297	否	0.945	否	0.775	—	0.027	—	1.842	0.84	0.508	—	—	—	—
	均值	0.324	否	0.921	否	0.565	—	0.037	—	1.566	0.57	1.000	—	—	—	—

表4-6　王圈水库平水期垂向断面水质单因子评价成果表

采样点		DO 指数	DO 超标状况	pH 指数	pH 超标状况	COD_{Mn} 指数	COD_{Mn} 超标倍数	NH_4^+-N 指数	NH_4^+-N 超标倍数	TN 指数	TN 超标倍数	TP 指数	TP 超标倍数	NO_3^--N 超标倍数	Mn 超标倍数	Fe 超标倍数
A2	表层	1.182	是	0.395	否	0.611	—	0.099	—	1.322	0.32	2.721	1.72	—	—	—
	底层	1.145	是	0.470	否	0.646	—	0.032	—	0.733	—	1.713	0.71	—	—	—
	均值	1.085	是	0.445	否	0.645	—	0.077	—	1.279	0.28	1.693	0.70	—	—	—
B2	表层	0.775	否	0.545	否	0.695	—	0.013	—	0.968	—	2.116	1.17	—	—	—
	底层	1.116	是	0.460	否	0.646	—	0.057	—	0.779	0.78	1.511	0.51	—	—	—
	均值	0.894	否	0.492	否	0.682	—	0.033	—	1.000	—	2.049	1.05	—	—	—
D2	表层	0.421	否	0.705	否	0.709	—	0.089	—	0.968	—	1.713	0.71	—	—	—
	底层	0.568	否	0.620	否	0.449	—	0.032	—	1.110	0.11	2.318	1.32	—	0.62	0.31
	均值	0.678	否	0.663	否	0.659	—	0.046	—	0.998	—	2.396	1.40	—	—	—
E2	表层	0.589	否	0.500	否	0.582	—	0.004	—	2.715	1.72	1.511	0.51	—	—	—
	底层	0.715	否	0.660	否	0.547	—	0.080	—	1.212	0.21	1.310	0.31	—	—	—
	均值	0.547	否	0.745	否	0.565	—	0.025	—	1.374	0.37	1.948	0.95	—	—	—

表 4-7 王圈水库枯水期垂向断面水质单因子评价成果表

采样点		DO		pH		COD_Mn		NH_4^+-N		TN		TP		NO_3^--N	Mn	Fe
		指数	超标状况	指数	超标状况	指数	超标倍数	指数	超标倍数	指数	超标倍数	指数	超标倍数	超标倍数	超标倍数	超标倍数
A2	表层	0.134	否	0.700	否	0.629	—	0.038	—	1.033	0.03	0.955	—	—	—	—
	底层	0.467	否	0.775	否	0.656	—	0.021	—	0.940	—	1.036	0.04	—	—	—
	均值	0.149	否	0.691	否	0.743	—	0.023	—	0.957	—	1.000	—	—	—	—
B2	表层	0.135	否	0.675	否	0.670	—	0.019	—	0.959	—	1.281	0.28	—	—	—
	底层	0.159	否	0.725	否	0.697	—	0.034	—	0.847	—	0.792	—	—	—	—
	均值	0.133	否	0.706	否	0.725	—	0.028	—	0.854	—	0.965	—	—	—	—
D2	表层	0.068	否	0.755	否	0.608	—	0.041	—	0.847	—	0.792	—	—	—	—
	底层	0.164	否	0.635	否	0.701	—	0.030	—	0.884	—	0.710	—	—	—	—
	均值	0.092	否	0.690	否	0.650	—	0.038	—	0.775	—	0.649	—	—	—	—
E2	表层	0.249	否	0.680	否	0.615	—	0.034	—	0.922	—	0.547	—	—	—	—
	底层	0.142	否	0.740	否	0.635	—	0.026	—	0.754	—	0.547	—	—	—	—
	均值	0.136	否	0.706	否	0.663	—	0.030	—	0.836	—	0.743	—	—	—	—

（二）模糊数学评价

考虑多种评价参数对水质的综合影响,避免单因子水质评价的片面性,本书采用基于熵权的模糊综合评价法对王圈水库进行评价。

根据单因子水质评价的结果,进一步选取高锰酸盐指数、可溶性铁、可溶性锰、氨氮、总氮和总磷作为评价因子。评价标准采用《地表水质量标准》(GB 3838—2002),由于新标准中没有铁锰的分类标准,以《地面水环境质量标准》(GB 3838—88)中的分类为依据。然后,运用"降半梯形分步法"获得各评价因子对 5 类标准的隶属度,得到单因素模糊关系矩阵。评价因子权重的确定选用熵权法,该方法可以将同一指标的多个样本点结合起来确定权重,得到权重向量(表4-8)。最后,进行单因素权重矩阵和模糊关系矩阵的复合运算,根据隶属度最大原则确定水质评价等级。王圈水库表层水体的模糊综合评价结果见表4-9、表4-10、表4-11。

表4-8　各评价标准的权重

评价标准	COD_{Mn}	Mn	Fe	NH_4^+-N	TN	TP
权重	0.072	0.316	0.308	0.072	0.102	0.130

表4-9　丰水期王圈水库表层水质模糊综合评价成果表

采样点	各级别隶属度					评价等级
	Ⅰ	Ⅱ	Ⅲ	Ⅳ	Ⅴ	
A1	0.697	0.083	0.119	0.000	0.102	Ⅰ
A2	0.697	0.071	0.217	0.015	0.000	Ⅰ
A3	0.697	0.062	0.106	0.043	0.093	Ⅰ
B1	0.381	0.139	0.377	0.007	0.096	Ⅰ
B2	0.381	0.082	0.311	0.218	0.009	Ⅰ
B3	0.388	0.341	0.136	0.004	0.130	Ⅰ
C	0.697	0.115	0.058	0.082	0.048	Ⅰ
D1	0.697	0.019	0.254	0.031	0.000	Ⅰ
D2	0.697	0.022	0.050	0.047	0.185	Ⅰ
D3	0.697	0.037	0.094	0.172	0.000	Ⅰ
E1	0.697	0.014	0.067	0.207	0.016	Ⅰ
E2	0.697	0.039	0.249	0.015	0.000	Ⅰ
E3	0.388	0.237	0.143	0.080	0.152	Ⅰ
F	0.697	0.016	0.172	0.116	0.000	Ⅰ

表 4-10 平水期王圈水库表层水质模糊综合评价成果表

采样点	各级别隶属度					评价等级
	I	II	III	IV	V	
A1	0.706	0.071	0.093	0.123	0.008	I
A2	0.709	0.060	0.036	0.149	0.047	I
A3	0.698	0.070	0.051	0.148	0.034	I
B1	0.697	0.101	0.072	0.110	0.021	I
B2	0.697	0.072	0.101	0.123	0.008	I
B3	0.697	0.084	0.089	0.123	0.008	I
C	0.697	0.044	0.113	0.146	0.000	I
D1	0.697	0.056	0.209	0.038	0.000	I
D2	0.697	0.069	0.142	0.093	0.000	I
D3	0.727	0.171	0.001	0.000	0.102	I
E1	0.712	0.106	0.063	0.119	0.000	I
E2	0.715	0.053	0.064	0.067	0.102	I
E3	0.697	0.038	0.093	0.164	0.008	I
F	0.707	0.154	0.009	0.110	0.021	I
G	0.697	0.058	0.083	0.155	0.008	I

表 4-11 枯水期王圈水库表层水质模糊综合评价成果表

采样点	各级别隶属度					评价等级
	I	II	III	IV	V	
A2	0.075	0.213	0.007	0.000	0.075	I
A3	0.158	0.145	0.000	0.000	0.158	I
B1	0.144	0.159	0.000	0.000	0.144	I
B2	0.079	0.188	0.037	0.000	0.079	I
B3	0.122	0.172	0.000	0.000	0.122	I
C	0.094	0.205	0.005	0.000	0.094	I
D1	0.124	0.161	0.015	0.000	0.124	I
D2	0.144	0.147	0.000	0.000	0.144	I
D3	0.159	0.144	0.000	0.000	0.159	I
E1	0.077	0.154	0.058	0.000	0.077	I
E2	0.194	0.098	0.000	0.000	0.194	I
E3	0.097	0.191	0.000	0.000	0.097	I
F	0.140	0.158	0.000	0.000	0.140	I
G	0.097	0.192	0.014	0.000	0.097	I

从表 4-9、表 4-10、表 4-11 可以看出,基于熵权模糊综合评价的表层水质评价结果明显优于单因子评价的结果,均达到了 Ⅰ 类标准,这说明模糊评价能够充分考虑各个主要污染因子对水质的贡献,更科学合理。

需要注意的是,本书中模糊综合法没有完全反映出王圈水库水质的真实情况,其原因在于选取的评价因子包括了污染较严重的铁、锰,由于其污染的季节性及空间性,造成评价结果偏低。针对王圈水库水温分层特性,对 A2、B2、D2、E2 四点进行分层评价,结果见表 4-12。可以看出,表层水体与底层水体(尤其是在水深较深的 A2、B2 两点)的评价结果差异很大,丰水期时,A2、B2 底层水体评价结果分别达到了Ⅲ和Ⅳ,说明了污染物集中在水库底层,也反映出进行分层评价的必要性。

表 4-12 王圈水库水质分层模糊评价成果表

采样点		丰水期	平水期	枯水期
		评价等级		
A2	表层	Ⅰ	Ⅰ	Ⅰ
	底层	Ⅲ	Ⅰ	Ⅰ
	平均	Ⅰ	Ⅰ	Ⅰ
B2	表层	Ⅰ	Ⅰ	Ⅰ
	底层	Ⅳ	Ⅰ	Ⅰ
	平均	Ⅲ	Ⅰ	Ⅰ
D2	表层	Ⅰ	Ⅰ	Ⅰ
	底层	Ⅰ	Ⅱ	Ⅰ
	平均	Ⅰ	Ⅲ	Ⅰ
E2	表层	Ⅰ	Ⅰ	Ⅰ
	底层	Ⅰ	Ⅰ	Ⅰ
	平均	Ⅰ	Ⅰ	Ⅰ

第二节 底质评价

一、评价因子与评价标准

根据底泥中总氮、烧失量以及铁锰含量的监测结果,对底泥营养程度以及重金属铁锰的污染程度进行评价。底泥评价没有统一的标准,一般以当地沉积物或土壤中的背景值为评价标准,铁和锰评价以山东省土壤中铁锰含量的背景值为标准,分别为 27 200 mg/kg 和 644 mg/kg。

二、评价方法

（一）营养程度评价

采用有机指数法和有机氮对水库底泥的肥力状况进行评价,底泥有机指数等于有机质和有机氮含量的乘积：

$$w(有机碳) = w(有机质)/1.724 \tag{4-1}$$

$$w(有机氮) = w(总氮)/0.95 \tag{4-2}$$

$$有机指数 = w(有机碳) \times w(有机氮) \tag{4-3}$$

式中,w表示物质质量分数,单位为％。然后,根据表4-13中的评价标准,对底泥的有机污染程度进行评价。

表4-13　底质有机指数与有机氮评价分级标准

有机指数评价标准				有机氮评价标准（％）			
<0.05	≥0.05 <0.20	≥0.20 <0.50	≥0.5	<0.0033	0.0033 −0.066	0.066 −0.133	>0.133
I	II	III	IV	I	II	III	IV
清　洁	较清洁	尚清洁	有机污染	清　洁	较清洁	尚清洁	有机氮污染

（二）重金属评价

1. 地累积指数法

采用德国海德堡大学 Muller 提出的地累积指数(I_{geo}),对王圈水库沉积物中的铁和锰的污染状况进行评价。其公式为：

$$I_{geo} = \log_2[C_n/(k \times B_n)] \tag{4-4}$$

式中,C_n是指沉积物重金属元素n的实测含量；B_n是指沉积物种该元素的地球化学背景值；K表示考虑到成岩差异引起背景值的变动而取的系数,一般取值为1.5。

计算得到I_{geo}数值后,根据重金属污染程度分级标准(表4-14),对沉积物中重金属污染状况进行评价。

表4-14　地表累积指数重金属污染评价分级标准

I_{geo}	<0	0～1	1～2	2～3	3～4	4～5	>5
污染级别	I	II	III	IV	V	VI	VII
污染程度	无	轻　度	偏中度	中　度	偏重	重	严　重

2. 潜在生态危害指数法

除了应用地累积指数法外,还采用潜在生态危害指数法对重金属锰的污染及生态危害进行评价。单个重金属污染系数和综合污染指数计算公式为：

$$C_f^i = C^i/C_n^i \tag{4-5}$$

$$C_d = \sum_{i=1}^{m} C_f^i \tag{4-6}$$

式中,C^i表示底泥中第i种重金属浓度的实测值,C_n^i表示第i种重金属的评价参比值,m表示参评的重金属个数。重金属的污染情况分级见表4-15。

表4-15　重金属污染程度分级标准

污染情况	低污染	轻	中等	重
C_f^i	<1	1～3	3～6	≥6
C_d	—	m～2 m	2 m～4 m	≥4 m

单个重金属潜在危害生态系数和综合生态风险指数可以分别表示为：

$$E_r^i = T_r^i \times C_f^i \tag{4-7}$$

$$RI = \sum_{i=1}^{m} E_r^i \tag{4-8}$$

式中，T_r^i 表示底泥中第 i 种重金属的毒性响应系数，它反映了不同重金属污染物的毒性水平以及生物对重金属污染的敏感性。生态风险程度的分级标准见表4-16。

表4-16　生态风险程度分级标准

风险性	较　轻	轻	中　等	重	极　重
E_r^i	<40	40～80	80～160	160～320	≥320
RI	—	<150	150～300	300～600	≥600

三、评价结果

（一）营养程度评价

1. 有机指数法

利用烧失量粗略估计水库底泥中的有机质含量，再根据有机指数法，分别计算底泥中的有机碳和有机氮，最后得到不同水期王圈水库底泥的有机指数见表4-17至表4-19。

表4-17　王圈水库丰水期底泥营养程度评价成果表

采样点	有机指数评价		有机氮评价	
	有机指数	污染程度与等级	有机氮指数	污染程度与等级
A1	0.31	尚清洁 Ⅲ	0.156	有机氮污染 Ⅳ
A2	0.49	尚清洁 Ⅲ	0.167	有机氮污染 Ⅳ
A3	0.53	有机污染 Ⅳ	0.130	尚清洁 Ⅲ
B1	0.40	尚清洁 Ⅲ	0.163	有机氮污染 Ⅳ
B2	1.36	有机污染 Ⅳ	0.205	有机氮污染 Ⅳ
B3	0.15	较清洁 Ⅱ	0.099	尚清洁 Ⅲ
C	0.69	有机污染 Ⅳ	0.189	有机氮污染 Ⅳ
D1	0.46	尚清洁 Ⅲ	0.180	有机氮污染 Ⅳ
D2	0.51	有机污染 Ⅳ	0.166	有机氮污染 Ⅳ
D3	0.44	尚清洁 Ⅲ	0.168	有机氮污染 Ⅳ
E1	0.37	尚清洁 Ⅲ	0.155	有机氮污染 Ⅳ
E2	0.40	尚清洁 Ⅲ	0.154	有机氮污染 Ⅳ
E3	0.24	尚清洁 Ⅲ	0.161	有机氮污染 Ⅳ

采样点	有机指数评价		有机氮评价	
	有机指数	污染程度与等级	有机氮指数	污染程度与等级
F	0.31	尚清洁Ⅲ	0.163	有机氮污染Ⅳ
水库平均	0.48	尚清洁Ⅲ	0.161	有机氮污染Ⅳ

从表 4-17 可以看出，丰水期水库有机氮平均为 0.161%，超过Ⅲ级标准，污染严重，仅库尾两断面的近岸 A3、B3 处达到Ⅲ级标准；有机污染指数接近 0.5，刚刚满足Ⅲ级标准，其中 A3、B2、C 处有机污染严重，而 B3 处污染程度达到较清洁。

表 4-18　王圈水库平水期底泥营养程度评价成果表

采样点	有机指数评价		有机氮评价	
	有机指数	污染程度与等级	有机氮指数	污染程度与等级
A1	0.17	较清洁Ⅱ	0.107	尚清洁Ⅲ
A2	0.65	有机污染Ⅳ	0.170	有机氮污染Ⅳ
A3	0.25	尚清洁Ⅲ	0.116	尚清洁Ⅲ
B1	0.32	尚清洁Ⅲ	0.148	有机氮污染Ⅳ
B2	0.83	有机污染Ⅳ	0.196	有机氮污染Ⅳ
B3	0.13	较清洁Ⅱ	0.106	尚清洁Ⅲ
C	0.80	有机污染Ⅳ	0.192	有机氮污染Ⅳ
D1	0.32	尚清洁Ⅲ	0.110	尚清洁Ⅲ
D2	0.51	有机污染Ⅳ	0.166	有机氮污染Ⅳ
D3	0.64	有机污染Ⅳ	0.155	有机氮污染Ⅳ
E1	0.39	尚清洁Ⅲ	0.116	尚清洁Ⅲ
E2	0.45	尚清洁Ⅲ	0.129	尚清洁Ⅲ
E3	0.07	较清洁Ⅱ	0.071	尚清洁Ⅲ
F	0.06	较清洁Ⅱ	0.062	较清洁Ⅱ
G	0.74	有机污染Ⅳ	0.180	有机氮污染Ⅳ
水库平均	0.42	尚清洁Ⅲ	0.135	有机氮污染Ⅳ

从表 4-18 中可以看出，在平水期时，虽然有机污染程度和有机氮污染程度与丰水期时相同，但相应的指数均有所下降。有机氮满足Ⅲ级标准的点位到达 8 个，污染主要集中于水库中泓线上。

表 4-19　王圈水库枯水期底泥营养程度评价成果表

采样点	有机指数评价		有机氮评价	
	有机指数	污染程度与等级	有机氮指数	污染程度与等级
A1				
A2	0.68	有机污染Ⅳ	0.169	有机氮污染Ⅳ
A3	0.49	尚清洁Ⅲ	0.173	有机氮污染Ⅳ

续表

采样点	有机指数评价		有机氮评价	
	有机指数	污染程度与等级	有机氮指数	污染程度与等级
B1	0.27	尚清洁 Ⅲ	0.138	有机氮污染 Ⅳ
B2	0.85	有机污染 Ⅳ	0.185	有机氮污染 Ⅳ
B3	0.22	尚清洁 Ⅲ	0.161	有机氮污染 Ⅳ
C	0.70	有机污染 Ⅳ	0.156	有机氮污染 Ⅳ
D1	0.11	较清洁 Ⅱ	0.104	尚清洁 Ⅲ
D2	0.48	尚清洁 Ⅲ	0.138	有机氮污染 Ⅳ
D3	0.26	尚清洁 Ⅲ	0.122	尚清洁 Ⅲ
E1	0.31	尚清洁 Ⅲ	0.132	有机氮污染 Ⅳ
E2	0.52	有机污染 Ⅳ	0.147	有机氮污染 Ⅳ
E3	0.11	较清洁 Ⅱ	0.113	尚清洁 Ⅲ
F	0.23	尚清洁 Ⅲ	0.155	有机氮污染 Ⅳ
G	0.40	尚清洁 Ⅲ	0.172	有机氮污染 Ⅳ
水库平均	0.40	尚清洁 Ⅲ	0.148	有机氮污染 Ⅳ

从表 4-19 中可以看出,枯水期该水库有机氮污染和有机污染程度没有大的变化。但是,有机氮污染超过Ⅲ级标准的点位增加至 12 个,而有机污染超过Ⅲ级标准的点位进一步减少,仅有 4 个。总体而言,王圈水库底质沉积物存在有机污染,且有机氮污染较严重。

(二)重金属评价

1. 地累积指数法

根据地累积指数法的公式,以山东省土壤中铁锰含量的背景值为标准,对王圈水库底泥中铁锰污染进行评价,评价结果见表 4-20。

表 4-20　不同水期底泥中铁和锰的地累积指数及分级

采样点	丰水期		平水期		枯水期	
	Mn	Fe	Mn	Fe	Mn	Fe
A1	0.35/ Ⅱ	−0.82/ Ⅰ	−0.31/ Ⅰ	−0.95/ Ⅰ	—	—
A2	0.30/ Ⅱ	−0.72/ Ⅰ	0.85/ Ⅱ	−0.38/ Ⅰ	0.62/ Ⅱ	−0.77/ Ⅰ
A3	0.98/ Ⅱ	−0.50/ Ⅰ	0.02/ Ⅱ	−0.92/ Ⅰ	0.24/ Ⅱ	−0.60/ Ⅰ
B1	0.47/ Ⅱ	−0.88/ Ⅰ	−0.14 Ⅰ	−0.95/ Ⅰ	0.23/ Ⅱ	−0.87/ Ⅰ
B2	1.40/ Ⅲ	−0.39/ Ⅰ	0.49/ Ⅱ	−0.56/ Ⅰ	0.86/ Ⅱ	−0.31/ Ⅰ
B3	−1.5/ Ⅰ	−1.39 Ⅰ	−1.69/ Ⅰ	−1.63/ Ⅰ	−0.89/ Ⅰ	−1.23/ Ⅰ
C	0.91/ Ⅱ	−0.60/ Ⅰ	0.47/ Ⅱ	−0.51/ Ⅰ	0.78/ Ⅱ	−0.27/ Ⅰ
D1	0.70/ Ⅱ	−0.82/ Ⅰ	−0.23/ Ⅰ	−1.02/ Ⅰ	−0.57/ Ⅰ	−2.02/ Ⅰ
D2	0.58/ Ⅱ	−0.72/ Ⅰ	0.58/ Ⅱ	−0.72/ Ⅰ	0.31/ Ⅱ	−0.77/ Ⅰ
D3	0.51/ Ⅱ	−0.73/ Ⅰ	0.22/ Ⅱ	−0.52/ Ⅰ	−0.23/ Ⅰ	−1.11/ Ⅰ

采样点	丰水期		平水期		枯水期	
	Mn	Fe	Mn	Fe	Mn	Fe
E1	−0.01/Ⅰ	−0.85/Ⅰ	−0.40/Ⅰ	−0.90/Ⅰ	−0.44/Ⅰ	−0.91/Ⅰ
E2	−0.04/Ⅰ	−0.88/Ⅰ	−0.23/Ⅰ	−0.66/Ⅰ	0.09/Ⅱ	−0.53/Ⅰ
E3	−0.03/Ⅰ	−1.06/Ⅰ	−1.69/Ⅰ	−1.63/Ⅰ	−1.84/Ⅰ	−1.84/Ⅰ
F	0.24/Ⅱ	−0.71/Ⅰ	−1.21/Ⅰ	−1.76/Ⅰ	−0.85/Ⅰ	−1.69/Ⅰ
G	—	—	0.11/Ⅱ	−0.73/Ⅰ	0.28/Ⅱ	−1.00/Ⅰ
水库平均	0.35/Ⅱ	−0.79/Ⅰ	−0.21/Ⅰ	−0.92/Ⅰ	−0.10/Ⅰ	−1.00/Ⅰ

　　总体上可以看出,底泥中没有铁污染,而在丰水期锰的地累积指数平均值为0.35,属于轻度污染,在平水期与枯水期时指数小于1。锰在不同采样点的污染程度不同,其中B2点污染最严重,达到三级,属于偏中度污染。

　　2.潜在生态危害指数法

　　潜在生态危害指数法主要用于多种重金属污染的综合评价,本书仅对底泥中锰的污染程度和生态风险进行评价。同样以山东省土壤中的背景值为参比值进行评价,锰的毒性系数为4,评价结果见表4-21。

表4-21　不同水期底泥中锰的污染系数与生态风险系数

采样点	丰水期		平水期		枯水期	
	C_f^i	E_r^i	C_f^i	E_r^i	C_f^i	E_r^i
A1	1.91	7.64	1.21	4.83	—	—
A2	1.84	7.37	2.71	10.83	2.30	9.21
A3	2.96	11.86	1.53	6.10	1.77	7.08
B1	2.08	8.31	1.37	5.46	1.76	7.06
B2	3.97	15.87	2.11	8.44	2.71	10.86
B3	0.53	2.12	0.47	1.86	0.81	3.25
C	2.81	11.25	2.07	8.30	2.58	10.31
D1	2.43	9.72	1.28	5.11	1.01	4.03
D2	2.24	8.95	2.24	8.95	1.86	7.44
D3	2.14	8.57	1.75	6.99	1.28	5.11
E1	1.49	5.95	1.14	4.56	1.10	4.42
E2	1.46	5.84	1.28	5.11	1.59	6.38
E3	1.47	5.86	0.47	1.86	0.42	1.67
F	1.77	7.08	0.65	2.59	0.83	3.32
G			1.61	6.46	1.82	7.30
水库平均	2.08	8.31	1.46	5.83	1.56	6.25

　　可以看出,总体上看锰污染程度为轻度污染,其中丰水期＞枯水期＞平水期,这与地

累积指数评价结果一致。生态风险系数显示锰污染的潜在生态危害较轻,这主要是由于锰污染的毒性系数较小,即使其环境浓度较高时,生态风险也不大。

第三节   小结

本章运用不同的方法分别对王圈水库水质和底质的污染状况进行了评价,得到以下结论:

(1)单因子评价法显示水库水质在丰水期、平水期和枯水期的类别分别为Ⅴ、Ⅴ和Ⅳ类,污染严重,总氮总磷超标严重,而铁锰污染尽在丰水期时的个别点位超标。水体垂向评价显示坝前底层水体铁锰在丰水期时超标严重。综合评价法的评价结果远优于单因子评价法,表层水体在不同水期均为Ⅰ类,这没有反映出水体的实际污染情况,通过垂向评价显示坝前水体底层水体为Ⅲ类。

(2)有机指数评价法证实水库底泥质量一般,有机污染属于Ⅲ类尚清洁,有机氮污染污染程度属于Ⅳ类。地累积指数显示重金属锰存在一定的污染,在丰水期时,水库整体为Ⅱ类,其中库中心 B2 点处为Ⅲ类,潜在生态风险指数法表明水库底泥锰污染程度为较轻,但不造成生态风险。

第五章

王圈水库底泥污染物释放规律研究

第一节 供试材料与测试方法

供试底泥样品于 2012 年 3 月 8 日采自即墨市王圈水库 A2 点（36°28′55.35″N，120°36′54.43″E），利用自制挖式采样器采集该水库表层沉积物。从沉积物中去除石块、树枝等杂物后，装入聚乙烯封口袋，并迅速运回实验室。将一部分新鲜样品放置于冰箱中，在 0～4 ℃下避光保存，用于采集间隙水；在自然条件下将另一部分新鲜样风干，将风干样碾磨后，过 100 目筛，装瓶备用。

根据《水和废水监测分析方法》，用钼睇抗分光光度法测定水样中溶解性磷酸盐，用酸性高锰酸盐指数法测定高锰酸盐指数，用邻菲罗啉分光光度法测定溶解性 Fe，用高碘酸盐氧化光度法测定溶解性 Mn。

供试底泥基本理化性质测定，采用《土壤理化性质》中规定的方法，具体参数见表 5-1。

表 5-1 供试底泥基本理化性质（2012.3）

泥样点位	总磷含量（mg/kg）	锰含量（mg/kg）	铁含量（mg/kg）	含水率（%）	烧失量（%）
A2	1 052.416	1 483.362	23 958.861	69.395	6.927
A3	1 016.122	1 139.688	26 854.430	57.800	4.834
B1	503.831	1 136.222	22 278.481	42.182	3.397
B2	750.150	1 748.007	32 816.456	70.365	7.940
B3	526.433	522.704	17 417.722	32.538	2.392
C	870.569	1 659.619	33 879.747	68.534	7.669
D1	460.798	648.527	10 025.316	32.882	1.872

续表

泥样点位	总磷含量 (mg/kg)	锰含量 (mg/kg)	铁含量 (mg/kg)	含水率 (%)	烧失量 (%)
D2	620.190	1 197.920	22 601.266	57.494	5.948
D3	828.567	1 198.267	23 917.715	59.634	6.048
E1	540.030	711.612	21 677.215	50.235	4.017
E2	712.875	1 027.036	28 253.165	59.742	6.048
E3	561.241	269.324	11 379.747	29.642	1.726
F	474.674	534.315	12 629.747	40.341	2.540
G	1 176.771	1 175.043	20 468.354	47.261	4.022

第二节　实验方法

一、实验步骤

（1）称取一定量混合均匀的风干底泥样品，置于 250 mL 锥形瓶中，加入适量的蒸馏水；每组设 2 个平行样品。

（2）采用恒温水浴锅和冰箱，保持水样温度为 25 ℃（夏季）和 4 ℃（冬季）。

（3）根据水库 pH 变化，用 NaOH 和 HCl 调节水样 pH 值，pH 值分别为 6.8、8、9.2。

（4）通过气泵向试验瓶中通入空气或吹高纯氮气，调节好氧、缺氧、厌氧状态下上覆水中溶解氧的含量分别为：>6.5 mg/L、2~4 mg/L、<1 mg/L。

（5）为了模拟不同水动力条件对污染物释放影响，分别进行了静止和振荡试验，振荡频率分别为 0 r/min、80 r/min、150 r/min。

（6）用黑色塑料袋包裹锥形瓶，以消除日光影响，用橡胶塞封闭瓶口。

（7）按一定时间间隔取样分析，先测定上覆水的氧化还原电位；再用 0.45 μm 混合膜过滤置于聚乙烯塑料瓶中，加入浓硝酸于 4 ℃下保存。

（8）污染物浓度测定。

二、实验控制条件

试验控制条件见表 5-2。

表 5-2　试验控制条件

影响因素	DO			pH			温度		水动力条件		
风干土重量(g)	20	20	20	20	20	20	20	20	1.5	1.5	1.5
蒸馏水体积(mL)	200	200	200	200	200	200	200	200	100	100	100

影响因素	DO			pH			温度		水动力条件		
DO（mg/L）	>6.5	2~4	<1	<1	<1	<1	<1	<1	<1	<1	<1
pH	8	8	8	6.8	8	9.2	8	8	自然	自然	自然
温度（℃）	25	25	25	25	25	25	4	25	25	25	25
振荡频率（r/min）	0	0	0	0	0	0	0	0	0	80	150
实验时间（h）	192								24		
取样时间（h）	4,12,24,38,48,60,72, 96,120,144,168,192								0.5,1,2,4,6, 8,12,16,20,24		

第三节 底泥中铁和锰的释放特性

底泥中铁和锰的释放主要受溶解氧、pH 值、水温、水动力条件的影响。

一、溶解氧对底泥中铁、锰释放的影响

在水温为 25 ℃，pH 为 8 的条件下，分别研究了好氧（>6.5 mg/L）、缺氧（2~4 mg/L）、厌氧（<1 mg/L）阶段对锰释放的影响。

由图 5-1（a）可知，在释放前期，随着时间的增加，水体中的铁锰浓度逐渐升高，但铁锰的浓度变化规律有所不同。锰的浓度在初期就迅速上升，第 5 d 到达最大值（6.01 mg/L，超标约 60 倍），而 Fe 在释放初期浓度上升速率小于锰，第 6 d 铁浓度达到最大值（0.48 mg/L，超标 1.6 倍）。由于沉积物中 DO、MnOx、Fe_2O_3 等依次充当有机质降解过程中的氧化剂，锰的氧化电位比铁高，因而锰氧化物比铁氧化物优先充当有机质分解的氧化剂而还原进入水体，这是锰较早开始释放且浓度优先高于铁达到峰值的原因。另外，由于沉积物中 Mn 的有效结合态含量较多，释放初期，水体中大量的可溶性锰是通过解吸作用而不是氧化还原作用进入上覆水的，使得其释放速率较快。

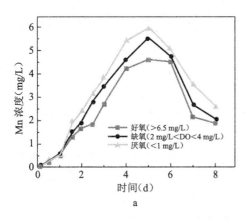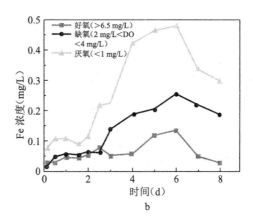

图 5-1 上覆水中锰（a）和铁（b）的浓度随时间变化曲线

虽然底泥中的铁和锰向上覆水体的释放强度均为厌氧 > 缺氧 > 好氧,且每种状态的变化趋势大致相同,都是先上升后下降,但溶解氧对铁释放的抑制作用要明显比对锰的影响大。当释放进行到一定程度时,由于释放于水相中的金属离子就会与其他溶出物发生络合、吸附凝聚、共沉淀等变化,从而使水溶态金属离子浓度又开始降低。此外,氧气的存在会导致水体中 Fe^{2+} 和 Mn^{2+} 被氧化,但由于 Fe^{2+} 迅速被氧化形成难溶性的铁氧化物,而 Mn^{2+} 的氧化速率较为缓慢,因此缺氧和好氧状态下,Fe 的释放量明显比厌氧状态下少很多,而通过解吸进入上覆水的 Mn 量却减少得不多。另一方面,该点底泥有机物含量较多,好氧情况下有机物的矿化作用也比较显著,因此底泥和上覆水仍为中度还原条件(好氧时,氧化还原电位介于 100 mV 和 150 mV 之间),这也是锰释放量较多的原因之一。

二、pH 对底泥中铁、锰释放的影响

在厌氧条件下,进行了 pH 分别为 6.8、8 和 9.2 的对比释放实验。结果如图 5-2 所示。

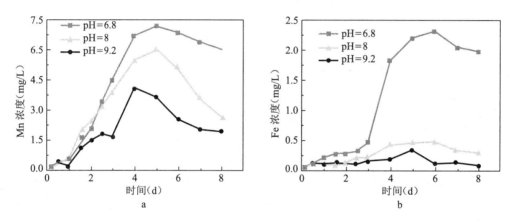

图 5-2　上覆水中锰(a)和铁(b)的浓度随时间变化曲线

从图 5-2 可以看出,3 种 pH 条件下,沉积物中铁锰的释放存在显著差异。在偏中性条件下(pH = 6.8),水体中可溶性锰浓度从 0.19 mg/L 增加到 7.22 mg/L,增加了 36.9 倍,而可溶性铁浓度从 0.12 mg/L 增加到 2.2 mg/L,增加了 17.3 倍。上覆水中 Mn、Fe 的浓度均随 pH 的升高而降低,Fe 对 pH 的敏感性更高。在相同 pH 下,释放能力 Mn>Fe,是由于在沉积物上以金属可交换态、碳酸盐结合态等易释放形态存在的 Mn 的量大于 Fe,而 Fe 的有机物结合态和残渣态含量相对较多。另外,锰的氧化还原电位高于铁,优先被还原释放。

锰在自然界主要以 $MnO_2 \cdot H_2O$ 的形式存在,在还原条件下,MnO_2 能被还原成可溶性的二价锰 Mn^{2+} 而释放到水中,因此 pH 为 8 的弱碱性条件下水体中锰浓度也会较高。pH 值为 9.2 时的厌氧状态锰释放量较少,锰浓度只增加了 9.4 倍,原因是水体 OH^- 和 PO_4^{3-} 的浓度均较高,使得厌氧还原产生的 Mn^{2+} 转而生成难溶于水的 $Mn(OH)_2$、$Mn_3(PO_4)_2$,因而上覆水中锰浓度较低。

铁的还原溶解在前 3 天缓慢进行,第 3 天后开始急剧增加,因为释放下来的 Fe^{2+} 需要一段时间向水体迁移释放。pH = 8 时 Fe^{2+} 浓度增加很缓慢,这是因为发生了 $Fe(OH)_2$

沉淀反应,迟滞了 Fe^{2+} 离子浓度的增加,同时也说明,该 pH 值具备了铁离子释放的条件。相比之下,在弱碱性条件下(pH=9.2)铁的释放受到明显抑制,铁浓度仅增加了 4.56 倍,沉积物中释放出来的 Fe^{2+} 生成了难溶于水的 $Fe(OH)_2$,难以向上覆水体扩散,因而上覆水中铁浓度较低。

三、温度对底泥中铁、锰释放的影响

在厌氧条件下,将样品分别置于恒温水浴锅和冰箱中在 25 ℃ 和 4 ℃ 下培养 8 d,结果如图 5-3 所示。

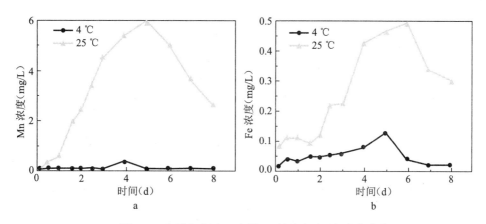

图 5-3　上覆水中锰(a)和铁(b)的浓度随时间变化曲线

结果表明,在 4 ℃ 条件下,铁的最大释放浓度为 0.13 mg/L,锰的最大释放浓度为 0.1 mg/L,均未超标。而在 25 ℃ 下,两者的最大释放浓度分别为 0.49 mg/L 和 6.01 mg/L,是 4 ℃ 下铁和锰含量的 3.77 倍和 60 倍,说明温度对该水库沉积物中铁锰的释放有显著的影响。

温度升高时,微生物的活性增强,造成底泥中有机质的分解和铁锰氧化物的还原速率增大;另一方面,温度升高也能够加速化学反应的速率和可溶性铁锰向水相的迁移速率,因而促进沉积物中的铁锰向上覆水体释放,这也显示出在不同的季节,水库沉积物中的铁锰释放强度会有所不同。

四、水动力条件对底泥中锰释放的影响

由图 5-4 可知,从三种振荡速率的比较发现,锰的释放量与振荡速率呈现出一定的正相关变化,表现为随着振荡速率的提高,释放量增加,充分说明锰的释放受水动力条件影响较为明显。扰动是影响浅水湖泊水－沉积物界面反应的主要物理因素,尤其对于浅水湖泊,由于水浅、温度等理化性质分层不明显,风浪作用对底泥锰释放的影响很大。静止状态下,底泥锰的释放是一个由低浓度到高浓度的递变过程,扰动加快了这个过程的转变,特别是能加快间隙水中的锰向上覆水扩散,并且悬浮能促进底泥颗粒再悬浮,能显著增加水－底泥界面的锰交换。这与 Elin Almroth、Abesser 等的研究结论相似,再悬浮会增加氧气消耗而导致底层水间接缺氧,间接影响锰的释放,且会比扩散作用引起水体更高的锰浓度。

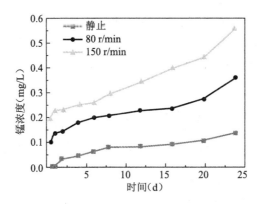

图 5-4　上覆水中锰浓度随时间的变化曲线

第四节　底泥中磷的释放特性

由于沉积物中 Fe-P 的存在,磷的释放在一定程度上对铁、锰的释放存在影响,因此,在测定铁、锰释放过程的同时,分别研究了溶解氧、pH 值、水温对底泥中磷释放的规律。

一、溶解氧对底泥中磷释放的影响

在培养期内,好氧、缺氧、厌氧条件对底泥释放磷的影响见图 5-5。由图可知,在不同氧化-还原条件下,溶解性磷酸盐的浓度逐渐升高,而且厌氧条件比缺氧、好氧更有利于底泥内源磷的释放。底泥磷的快速释放从第 2.5 d 开始,与 Fe 快速释放开始时间一致(图 5-1b),到第 8 d 时,厌氧、缺氧、好氧条件下上覆水中磷的浓度分别为 1.60 mg/L、0.98 mg/L、0.39 mg/L。

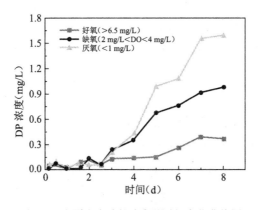

图 5-5　上覆水中磷的浓度随时间变化曲线图

磷一般以有机磷、Al-P、Fe-P 和 Ca-P 形式存在,其中 Fe-P 的存在形态直接影响底泥释磷,溶解氧对沉积物磷释放的影响主要是与沉积物中的铁元素有关。因为铁元素存在可变化合价,而水中溶解氧的改变会引起沉积物氧化还原电位的改变。在高溶解氧水平下,上覆水中 Fe^{2+} 氧化成 Fe^{3+},Fe^{3+} 与磷酸盐结合,以 $FePO_4$ 的形式沉积到沉积物中,生产的 $Fe(OH)_3$ 胶体也会吸附游离的磷,使得好氧条件下底泥内源磷的释放作用减弱。

同时,沉积物中的有机质也会受到微生物的好氧分解,使不溶性的有机磷变成无机磷释放出来。只是由于沉积物中的有机磷含量一般较低,或是产生的腐殖质有吸附性,释放量不大,所以好氧状态下沉积物中磷的释放量较低。

当水体溶解氧下降至出现厌氧状态时,不溶性的 $Fe(OH)_3$ 易变成溶解态的 Fe^{2+} 化合物,Fe^{3+} 还原成 Fe^{2+},原先被 $Fe(OH)_3$ 胶体吸附的 PO_4^{3-} 重新解吸,继而通过分子扩散进入上覆水,使上覆水磷浓度升高。而且,厌氧微生物对磷需求量少,所以有更多的磷可以释放到上覆水层。

二、pH 对底泥中磷释放的影响

在厌氧、25 ℃的条件下,将上覆水 pH 值分别保持在 6.8、8、9.2 时进行底泥磷释放试验。不同 pH 条件下,底泥向上覆水体释磷的差异性如图 5-6 所示。由图可知,所有 pH 条件下,2.5 d 之内上覆水体中磷含量虽有微小的波动,但其释放量没有发生显著变化,而后释放现象较为明显,且释放量随 pH 升高而增加。pH 为 6.8、8 和 9.2 时,到第 7 d 基本达到平衡浓度,分别为 1.40、1.60 和 1.90 mg/L。

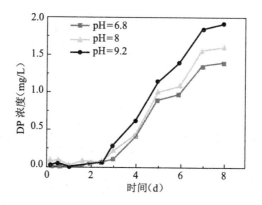

图 5-6 上覆水中磷的浓度随时间变化曲线

pH 对沉积物释放磷影响的作用过程主要有两种,即影响沉积物对磷的吸附和离子交换作用。在中性范围内,水体中正磷酸盐主要以 HPO_4^{2-} 和 $H_2PO_4^{-}$ 的形态存在,易与底泥中的金属元素结合而被底泥吸附,因此释磷量最小。碱性条件下,沉积物磷释放以离子交换为主,水体中 OH^- 离子能与 Fe-P、Al-P 复合体中的磷酸根发生交换,使其解析过程增强,增加了磷向上覆水释放的速率。酸性条件下,沉积物释磷以溶解作用为主,溶解性的 $H_2PO_4^-$ 含量增多,有利于底泥内源磷的释放,且沉积物中的 Ca-P 朝着解吸方向进行。因此,偏酸或偏碱都有利于底泥中内源磷的释放。

三、温度对底泥中磷释放的影响

在厌氧和 pH 值为 8 的条件下,进行了水温为 25 ℃和 4 ℃的对比释放实验。结果如图 5-7 所示。

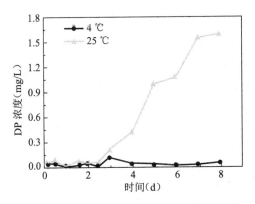

图 5-7   上覆水中磷的浓度随时间变化曲线

由图 5-7 可知,整个培养期内,底泥内源磷在 4 ℃下的释放量随时间没有发生显著变化,3 d 之内呈现微小的波动,而后逐渐达到相对平衡状态,上覆水中溶解性磷酸盐的含量在 0.04 mg/L 左右。而 25 ℃下,底泥内源磷的释放量从 2.5 d 开始快速增加,到第 7 d 达到最大值 1.40 mg/L。温度增加 21 ℃,平衡释放浓度增加了 34 倍。主要因为环境温度升高,底泥中微生物和底栖生物活动加强,提高生物扰动作用和底泥有机物的矿化速率,从而促进底泥内源磷的释放。此外,随着微生物活动的增加,耗氧速率加快,水体中的溶解氧减少,使水体环境由氧化状态向还原状态转化,有利于 Fe^{3+} 的还原,加速底泥中铁结合态磷的释放。

第五节   底泥中有机物的释放特性

高锰酸盐指数反映了地表水中受还原性物质污染的程度,水体中还原性物质包括有机物、亚硝酸盐、亚铁盐、硫化物等。有机物经过长年累积,王圈水库 A2 点底泥中有机物含量约为 6.9%,所以有机物为该水库 COD_{Mn} 的主要贡献者。

一、溶解氧对底泥中有机物释放的影响

由图 5-8 可知,上覆水 COD_{Mn} 的浓度变化范围在 8～40 mg/L 之间,而且波动比较大,与沉积物释放溶解性有机碳 DOC 的波动较大有关。

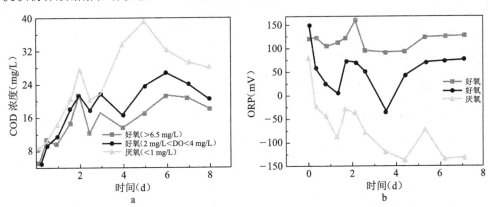

图 5-8   上覆水中 COD（a）和 ORP（b）的浓度随时间变化曲线

溶解氧主要是通过影响微生物活性来影响有机物的释放。DO＞6.5 mg/L 时,沉积物和水体有机质好氧矿化作用增强,有机质在好氧微生物的代谢作用下会降解为 CO_2 和 H_2O,且底泥中好氧菌降解速率快,从而减少了底泥中有机物的释放量。在好氧阶段后期,也因水体中的有机物得到快速降解,从而使得 COD_{Mn} 的浓度降低。

在缺氧和厌氧阶段,试验瓶中 COD_{Mn} 最大值分别为 26.85 mg/L 和 39.11 mg/L。这两个阶段,厌氧产酸菌将底泥中不溶性有机物快速矿化分解为可溶性的有机酸,并向上覆水中迁移释放,使上覆水体 COD_{Mn} 值升高,但由于厌氧菌的存在,也会降解部分有机酸,只是降解速度比有机物的矿化速度慢,到实验培养 5 d 后,底泥中有机物大量释放后,释放速率减慢,此时厌氧产甲烷菌对有机酸的降解影响逐渐体现出来,将有机酸进一步分解为甲烷、CO_2 和 H_2O,使得水体中 COD_{Mn} 逐渐减小。周启星、朱荫湄在模拟沉积物有机质矿化时也发现,厌氧条件增强了厌氧菌的活性,促进了底泥中有机质的矿化。

二、pH 对底泥中有机物释放的影响

pH 对有机物释放的影响如图 5-9 所示,在有机物不断释放的过程中,第 2 d 和第 5 d 出现峰值,一方面有机物的矿化分解过程与水体 ORP 的变化相关,另一方面,如图 5-2(b)所示,由于 Fe 在第 2 天后开始大量释放而第 6 天释放量达到最大开始下降,而铁元素会对有机物厌氧降解产生抑制作用,而且铁的价态越高,抑制作用越强。

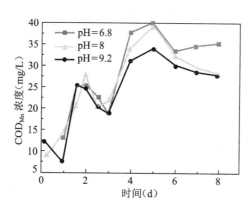

图 5-9　上覆水中 COD_{Mn} 浓度随时间变化曲线

pH 主要是通过影响矿物质和有机物之间的作用来影响有机物的释放,同时 pH 也是微生物生长的重要影响因子,但影响相对较小。水体为酸性或碱性条件时,有机物的释放规律大体一致,但酸性更能促进底泥有机物的释放。因为碱性条件有利于底泥中矿物质与有机物之间作用力的形成,大量有机物被底泥中的矿物质吸附,从而减少了有机物向水体的释放量;酸性条件下,底泥中的矿物质和有机物之间的作用力难以形成,有机物不能被吸附,释放到水体中,使水体中的 COD_{Mn} 大量增加。同时,大部分微生物在酸性条件下难以生长,这也是导致酸性条件下底泥中有机物大量释放的原因之一。

三、温度对底泥中有机物释放的影响

由图 5-10 可知,有机物在 25 ℃和 4 ℃释放都比较剧烈,但前者释放量更多。25 ℃时沉积物中耗氧有机物的释放量高,其原因一方面是温度升高,降低了沉积物对污染物的

吸附能力,从而增强了污染物的解吸,另一方面温度升高增强了微生物活性,其扰动、分解、矿化和代谢作用都促进了沉积物中污染物向上覆水体的释放。而温度较低时,抑制了微生物的这种作用,但同时温度降低时 DO 的增大,会增加氧化还原电位,也会加速有机质的矿化,使上覆水 COD_{Mn} 升高。

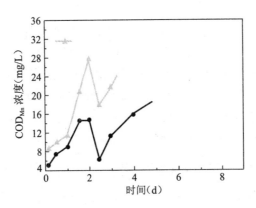

图 5-10　上覆水中 COD_{Mn} 浓度随时间变化曲线

第六节　小结

通过不同环境条件下底泥与上覆水之间的铁锰释放试验,分别研究了溶解氧、pH、水温、水动力等影响因素对底泥中铁、锰、磷、有机物释放的影响,并分析了它们与氧化还原电位之间的相关性,得出以下结论:

(1)实验表明,在厌氧条件下,水库底泥中的各种污染物迅速向上覆水释放,使得其含量显著升高,并且铁锰的释放与有机物释放有很好的相关性;而在好氧条件下,铁会受到明显的抑制。

(2)pH值偏中性时能促进水库底泥中铁锰和有机物的释放,偏碱性能够抑制其释放;而 pH 值对磷的影响有所不同,偏碱性更能促进其释放,而且与磷的存在形态有关。

(3)水温对底泥铁、锰、磷释放的影响明显,温度越高,释放越快;而温度对有机物的释放影响不明显。另外,扰动对底泥中锰的释放促进较为明显。

(4)铁锰的释放与有机物释放有较好的相关性,与有机物质的矿化导致的氧化还原电位变化有关。

第六章

王圈水库水温数值模拟

根据现场监测结果,王圈水库沉积物内源释放是水库铁锰污染的主要来源,水温分层具有明显季节性。在夏季,随着温跃层的形成,沉积物中的铁锰大量释放;在其他季节,水温分层消失,库底恢复成氧化状态,抑制了铁锰的释放。

本章采用 CE-QUAL-W2 模型,对王圈水库水温结构进行了二维数值模拟,并用2011 年实测水温数据对模型进行了校准。通过模型的建立,首先分析了王圈水库典型平水年水温分层结构的变化,预测了不同出水口位置及出水流量对水库水温结构的影响,可以为改善取水对策提供科学依据。

第一节　模型的选择

由美军工程兵团水道实验站开发的 CE-QUAL-W2 模型,是一个垂向二维(纵向和垂向)流水动力学和水质模型,该模型发展至今有 30 多年的历史,其功能和准确性不断增强完善,适合于水库、湖泊、河流以及河口的模拟。现在,该模型已成为美国地质调查局等多家政府机构进行水质模拟的首选,也在许多国家得到成功应用。另外,CE-QUAL-W2 模型还具有良好的用户界面,便于在 Windows 操作系统下使用。

考虑到该水库的水温及水质在水平方向上的差异不大,选用 CE-QUAL-W2 模型重点分析王圈水库水温在不同深度、不同季节的变化规律。

第二节　数值模拟原理

一、模型基本方程

模型采用水动力方程和热输运方程耦合求解方程组由宽度平均的连续性方程、动量方程、状态方程、自由水面方程及热输运方程组成。

连续方程:

$$\frac{\partial Bu}{\partial x} + \frac{\partial Bw}{\partial z} = qB \tag{6-1}$$

X方向上动量方程:

$$\frac{\partial uB}{\partial t} + \frac{\partial uuB}{\partial x} + \frac{\partial wuB}{\partial z} = qB\sin\alpha - \frac{\partial\eta}{\partial x} - \frac{gB\cos\alpha}{\rho}\int_{\eta}^{z}\frac{\partial\rho}{\partial x}\,dz +$$

$$\frac{1}{\rho}\frac{\partial}{\partial x}\left(BpA_x\frac{\partial u}{\partial z}\right) + \frac{1}{\rho}\frac{\partial}{\partial z}\left(BpA_z\frac{\partial u}{\partial x}\right) + qBu_x \tag{6-2}$$

Z方向上动量方程:

$$\frac{1}{\rho}\frac{\partial}{\partial z} = g\cos\alpha \tag{6-3}$$

状态方程:

$$\rho = f(T_w, \Phi_{TDS}, \Phi_{SS}) \tag{6-4}$$

自由水面方程:

$$B\eta\frac{\partial\eta}{\partial t} = \frac{\partial}{\partial x}\int_{\eta}^{h}Bu\,dz - \int_{\eta}^{h}qB\,dz \tag{6-5}$$

热输运方程:

$$\frac{\partial B\Phi}{\partial t} + \frac{\partial uB\Phi}{\partial x} + \frac{\partial wB\Phi}{\partial z} = \frac{\partial}{\partial x}\left(BD_x\frac{\partial\Phi}{\partial x}\right) + \frac{\partial}{\partial x}\left(BD_x\frac{\partial\Phi}{\partial z}\right) + q_\Phi B + BS_\Phi \tag{6-6}$$

式中，B——水体宽度，m；

u、w——分别为纵向和垂向流速，m/s；

q——侧向单位体积净入库流量，L/s；

η——水位，m；

α——河道倾角，rad；

ρ——水体密度，kg/m³；

A_x、A_z——分别为纵向和垂向紊动涡流粘滞系数，m²/s；

u_x——支流流速的 x 分量，m/s；

$f(T_w, \Phi_{TDS}, \Phi_{SS},)$——密度函数，自变量为水温、盐度、悬浮物浓度；

$B\eta$——水面宽度，m；

Φ——侧向平均条件下热量浓度，J/m³；

D_x、D_z——分别为纵向和垂向的离散系数，m²/s；

q_Φ——单元控制体侧向热量出入流速率，J/m³/s；

S_Φ——热源项，J/m³/s。

二、紊流涡粘滞系数计算

由于在纵向上对流输运占主要地位，紊动切应力的影响相对较小，因此对纵向涡流粘滞系数的模拟采用较为简单的常数模型，即 $A_x = const$。

由于垂向速度较小，紊动切应力引起的扩散与对流输运同样重要，不适宜采用简单的常数模型计算垂向涡流粘滞系数。CE-QUAL-W2 模型提供了 6 种垂向涡流粘滞系数 A_z

计算公式用于模拟不同特征水域,对于模拟库区水温时,模型推荐采用 W2 公式:

$$\begin{cases} A_z = \kappa \left(\dfrac{l_m^2}{2}\right) \sqrt{\left(\dfrac{\partial u}{\partial z}\right)^2 + \left(\dfrac{\tau_{wy} e^{-2kz} + \tau_{ytributary}}{\rho A_z}\right)^2 e^{-CR_i}} \\ l_m = \Delta z_{max} \end{cases} \tag{6-7}$$

式中,A_z——垂向涡流粘滞系数,m^2/s;

　　κ——范卡门常数;

　　l_m——混合长度,m;

　　u——纵向流速,m/s;

　　z——垂向方程,m;

　　τ_{wy}——因风而产生的横向剪应力,N/m^2;

　　$\tau_{ytributary}$——因支流入流而产生的横向剪应力,N/m^2;

　　C——常数,经验值为 0.15;

　　R_i——理查森数;

　　Δz_{max}——垂向网格间距的最大值,m。

三、热源项计算

模型中热交换主要有两部分,其一为水面热交换,包括太阳短波辐射、大气长波辐射、水面长波辐射、蒸发热损失和热对流;其二为沉积物热交换。

(一)水面热交换

水面热交换为

$$H_n = H_s + H_a + H_e + H_c - H_{br} \tag{6-8}$$

式中,H_n——水面热交换的净速率,W/m^2;

　　H_s——太阳短波辐射,W/m^2;

　　H_a——大气长波辐射,W/m^2;

　　H_{br}——水面长波辐射,W/m^2;

　　H_e——蒸发热损失,W/m^2;

　　H_c——热对流,W/m^2。

太阳短波辐射可以通过直接测量获得,或者通过太阳高度角关系及云量计算得到。大气长波辐射运用 Brunts 公式,根据空气温度及云量计算得到。太阳短波辐射透过水面,随着深度的增加而呈指数衰减,即 Bears 定律:

$$H_s(z) = (1 - \beta) H_s e^{-\eta z} \tag{6-9}$$

式中,$H_s(z)$——z 深度时的太阳短波辐射,W/m^2;

　　β——水体表面吸收系数;

　　η——消光系数,m^{-1};

　　H_s——到达水面太阳短波辐射,W/m^2。

水面长波辐射计算公式为:

$$H_{br} = \varepsilon \sigma * (T_s + 273.15)^4 \tag{6-10}$$

式中,ε——水辐射系数,经验数值为 0.97;

$\sigma*$——Steohan-Boltzman 常数，$5.67 \times 10^{-8}\,\mathrm{Wm^{-2}K^{-4}}$；

T_s——水面温度，℃。

蒸发热损失取决于空气温度以及露点温度（或相对湿度），其中表面蒸汽压由每单元的表面温度计算得到，此外，CE-QUAL-W2 模型允许用户根据模拟要求选用不同的风-蒸发函数。蒸发热损失计算公式为：

$$H_e = f(W)(e_s - e_a) \tag{6-11}$$

式中，$f(W)$——风-蒸发函数，$\mathrm{Wm^{-2}mmHg^{-1}}$；

e_s——水面饱和蒸汽压，mmHg；

e_a——空气蒸汽压，mmHg。

热对流计算公式如下：

$$H_c = C_c f(W)(T_s - T_a) \tag{6-12}$$

式中，C_c——Bowen 系数，$0.47\,\mathrm{mmHg\,℃^{-1}}$；

T_a——空气温度，℃。

（二）沉积物热交换

沉积物与水体的热交换相对于水面热交换而言是非常小的，因此许多研究者将此项忽略。研究表明，为了更准确地计算下层滞水层的水温，沉积物/水热交换是必须要考虑的。其计算公式如下：

$$H_{sw} = -k_{sw}(T_w - T_s) \tag{6-13}$$

式中，H_{sw}——沉积物/水热交换速率，$\mathrm{W/m^2}$；

k_{sw}——沉积物/水热交换系数，$\mathrm{Wm^{-2}\,℃^{-1}}$；

T_w——水体温度，℃；

T_s——沉积物温度，℃。

第三节　模型的解法

一、网格剖分

网格剖分是模型求解的第一步，其影响因素有很多，包括地形、坡度、计算要求等。最根本的要求是模型的结果不能受网格剖分的影响。根据王圈水库原有及实测的地形图，将库区划分为 38×29（纵向×垂向）个矩形单元，单元纵向尺寸为 $100 \sim 400\,\mathrm{m}$，垂向尺寸为 $0.5\,\mathrm{m}$，根据水库形状，库区共分为 4 个分支，其中主要入流莲阴河入口至水库大坝一段为 1 号分支；然后根据水库地形图，确定每个矩形单元的横向宽度；最后再根据水库水位-库容曲线对网格剖分进行比较校正。水库网格剖分平面图、横切面图及纵切面图如图 6-1 所示。

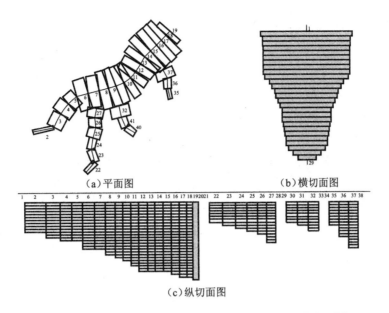

（a）平面图　　　　　　　　　　（b）横切面图

（c）纵切面图

图6-1　王圈水库网格剖分的平面图（a）、横切面图（b）和纵切面图（c）

　　需要注意的是,在网格剖分时,每个支流的上游及下游都必须有一个宽度为0的网格作为边界单元,如支流1中,网格1和19的宽度为0;同样的,垂向上第1层及最后有效单元的下一层宽度也应为0。

　　图6-2比较了王圈水库水位–库容曲线的实测值与模型的计算值,结果表明模型计算值与实测值拟合程度较好,说明该剖分网格能够较好地反映王圈水库的实际地形情况。

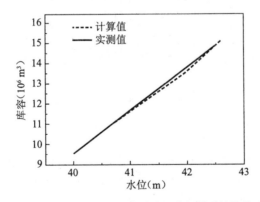

图6-2　王圈水库水位–库容曲线实测值与模型计算值对比图

二、初始和边界条件

（一）初始条件

　　模型开始进行模拟运算前,除了对网格进行剖分外,就是设定每个网格的初始条件,包括初始水位、流速和水温。本书模拟时间从2011年2月1日起至2011年12月31日,以2011年1月1日为儒略日1日,则模型开始和结束时间分别为32日、365日。本书以2011年2月1日的实测水位为所有网格的初始水位,即42.38 m;初始流速和初始水温分别设定为0 m/s和0 ℃。模型模拟的时间越长,初始条件对模型结果的影响也就越小。

（二）边界条件

王圈水库二维立面模型的边界条件包括上游边界、下游边界、水表面边界、水库库底边界。

1. 上游边界

王圈水库的主要入库河流为上游的莲阴河，而其他河流入库流量较小，故模型只考虑莲阴河，边界条件包括入库河流的流量及其水温。由于莲阴河上游没有专门的水文站对其流量进行测定，本书根据王圈水库流域面积上的 2011 年的降雨量计算得到，再根据水库水量平衡对其进行校准，从而得到上游流量边界，入流水温运用 Groeger and Bass 提出的经验公式，根据气温计算得到。

2. 下游边界

王圈水库有一个放水洞和一个泄洪道，分别用于工业生活用水和泄洪。溢洪道位于大坝东端，型式为开敞式宽顶堰，堰顶高程 44.9 m，模型模拟期间水库均小于 44.9 m，没有泄洪，故不考虑；放水洞位于大坝 0＋760 桩号，进水口底高程 31.03 m，设计日供水能力 2 万吨，在模拟过程中采用的放水洞流量为王圈水库管理所 2011 年供水量的统计资料（图 6-3）。

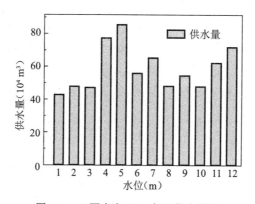

图 6-3　王圈水库 2011 年月供水量图

3. 水表面边界

水表面边界条件主要指表面热交换，它主要受到气象条件的影响，包括气温、露点温度、风速风向、云量以及太阳辐射等。除太阳辐射外的气象数据均采用距离王圈水库较近的气象站每 3 小时的实测值，而太阳辐射则采用同纬度的济南气象站太阳辐射实测值估算，然后根据热平衡计算方程计算表面热交换。此外，降雨采用王圈水库管理所提供的统计数据。

4. 库底边界

模型假设库底具有不可渗透性，水库与地下水之间不发生水体交换，此外还假设库底沉积物不发生再悬浮。水库库底边界主要体现在两个方面，一是水库库底会对水体流动产生一定阻力，减少其动能，这种现象在模型中运用 Chezy 公式表示，设定 Chezy 阻力系数为默认值；另一方面就是库底沉积物同水体间的热交换，虽然其数量级小于表面热交换，但其对下层滞水层水温有一定影响,模型通过沉积物温度、水温和热量交换系数 3 个参数进行计算,其中沉积物温度和热量交换系数均设定为常量,分别为 14 ℃和 0.3 W/m²/ ℃,不随时间和空间的变化而改变。

三、模型校正

模型的校正是模型建立过程中最关键的一步,校正结果的好坏直接影响到模型模拟的可靠性。同时,模型的校正是一个需要不断反复的过程,它通过调整模型的有关输入参数,使得模型计算结果与实测值尽可能地吻合。

王圈水库立面二维模型的校正按照先后顺序可分为:水位校正和水温校正。

(一)水位校正

模型水位的计算主要受网格剖分以及出入库流量的准确性的影响,因此模型输入的边界条件的准确性是模型校正重要的前提条件,输入的边界条件要尽量与实际情况一致,否则模型不可能完成校正。本书采用 2011 年 2 月 1 日至 2011 年 12 月 31 日王圈水库管理所实测坝前水位进行校正,实测水位与模型计算水位的比较见图 6-4,从图中可以看出二者吻合较好,计算误差的平均值仅为 0.02 m,均方根为 0.03 m,误差的最大值为 0.07 m。

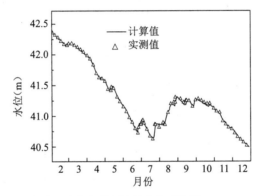

图 6-4　王圈水库的实测水位与模型计算水位对比图(2011.2.1—2011.12.31)

(二)水温校正

模型计算的水温主要受两方面因素的影响,一方面同水位计算相同,模型的初始条件和边界条件的准确性是模型校正的前提条件;另一方面是影响热交换的各个参数,主要有纵向涡流粘滞系数、纵向涡流扩散系数、风遮蔽系数、动态光遮蔽系数、水表面太阳辐射吸收系数以及消光系数等。本书以 2011 年 2 月 1 日至 2011 年 12 月 31 日的实测水温成果对模型参数进行率定。

经过多次试算,结合相关文献,确定王圈水库水温模型的主要参数取值为:纵向涡流粘滞系数 $A_x = 1$ m²/s,纵向涡流扩散系数 $D_x = 1$ m²/s,风遮蔽系数 $WSC = 3.0$,动态光遮蔽系数 $Dynsh = 1.0$,水表面太阳辐射吸收系数 $BETA = 0.45$,消光系数 $EXH_2O = 0.3$/m。

图 6-5 比较了坝前表层水体实测水温与模型计算水温。由图可以看出,不同月份坝前表层水体的计算值与实测水温相差不大,误差平均值为 0.30 ℃,说明 CE-QUAL-W2模型能够很好地模拟表层热交换,而主要参数的取值也较为准确。

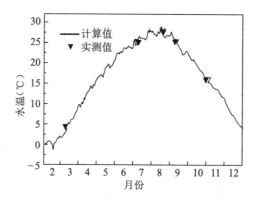

图 6-5　坝前表层水体水温的实测值与模型计算值对比图

此外,我们还选择库区 2011 年 8 月 18 日和 11 月 1 日的垂向水温对模型进行率定,结果如图 6-6 所示。用库区四个采样点的实测数据来与模型计算值进行比较。从图中可以看出,王圈水库二维水温模型对垂向水温的模拟是比较成功的,包括夏季分层期(8 月)和秋季不分层期(11 月),计算误差的平均值为 0.26 ℃,均方根为 0.32 ℃。这说明 CE-QUAL-W2 模型对王圈水库的适应性。通过参数的确定,模型能够正确模拟太阳辐射在水体表面的吸收和向下传递,以及库底沉积物与水体间的热交换,从而较好地模拟出垂向水温分布。

在模型校正完成之后,可以预测水库在不同时段的水温变化规律,分析不同因素对水库水温变化的影响。

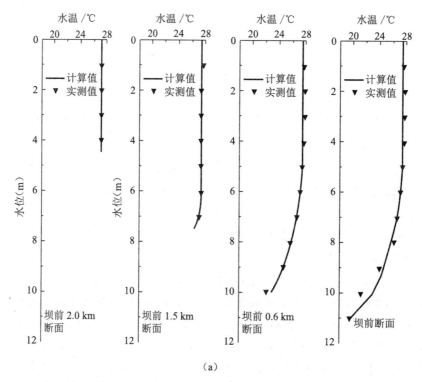

(a)

图 6-6　2011 年 8 月 18 日(a)、2011 年 11 月 1 日(b)库区垂向水温的实测值与模型计算值对比图

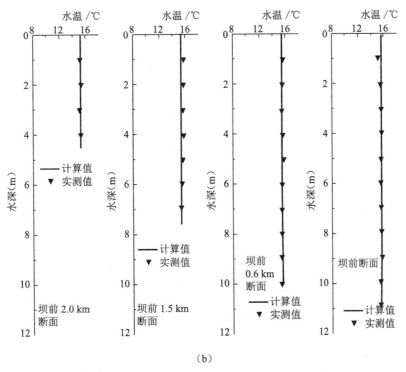

（续）图 6-6　2011 年 8 月 18 日（a）、2011 年 11 月 1 日（b）库区垂向水温的实测值与模型计算值对比图

第四节　典型水文年水温变化的预测

根据王圈水库管理所提供的水库建成以来 51 年的降雨资料,经过统计和分析后,确定 2004 年、1987 年和 1985 年分别为典型的枯水年、平水年和丰水年。丰水年、平水年和枯水年全年降雨量分别为 490 mm、564 mm 和 741 mm,典型水平年各月降雨量如图 6-7 所示,不同水文年数值模拟的初始水位为 42.38 m,初始水温为 0 ℃,出水流量取近年取水量的平均值,入库流量根据降雨量计算,模拟时长均为 11 个月,可以分别预测王圈水库水温的变化规律。

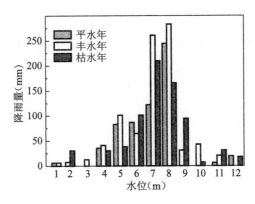

图 6-7　典型水文年降雨量图

一、平水年

平水年王圈水库坝前表底层水温随季节的变化如图 6-8 所示。从 2 月开始，表层水体温度逐渐升高，到 8 月时温度最高，约 28 ℃，随后逐渐下降；底层水体变化趋势基本相同，2 月开始升高，但较缓慢，在 3 月底开始和表层温度有差异，且差异逐渐增大，到 9 月份，表底层水温又重新变得相同并随着气温的降低而下降。

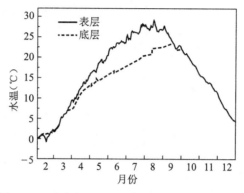

图 6-8   平水年坝前表层与底层水体水温变化曲线

每月中旬坝前垂向水温的具体分布见图 6-9。由图可以看出，3 月份垂向水温分布均匀，均为 5 ℃左右；到了 4、5 月份，水温随着深度的增加开始逐渐下降，且表底层水温差异也逐渐增大，并没有形成温跃层；6 月以后，表底层温度差异继续增大，并在 8 月中旬形成温跃层。而到了 9 月以后，水体出现翻转，上下水体混合均匀，水温分层消失。

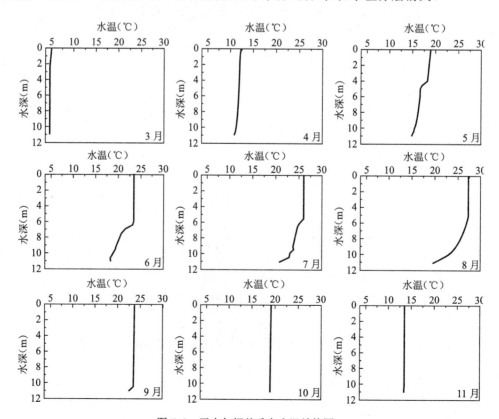

图 6-9   平水年坝前垂向水温结构图

平水年夏季典型时间(8月15日)水库库区水温等值线图如图6-10所示。由图可知,坝前水库深度大,温度分层明显。距离大坝2 km甚至更远处,由于水温较浅,水体混合均匀,水温垂向基本没有差异。

二、丰水年

丰水年王圈水库坝前表底层水温随季节的变化如图6-11所示。由图可以看出,丰水年坝前表底层水温的变化趋势与平水年基本相同,均是先升高后降低。不同之处在于,直到四月底,表底层水体温度才开始出现差异,且整个夏季差异均不大,最大时也不超过8 ℃。这主要是因为夏季时降雨量大,入库流量大,水体混合强烈,水温分层结构受到影响,从而使得丰水年表底层水体温度差异较平水年要小。到9月份,表底层水温差异消失,水体混合良好。

丰水年夏季典型时间(8月15日)水库库区水温等值线图如图6-12所示。由图可以看出,坝前水库深度大,温度分层明显,这一点与平水年时水温分布规律相同。水体温度随着深度的变化而变化,水深7 m以下水体温度逐渐减小,坝前表底层水温差异约为7.82 ℃。

三、枯水年

枯水年王圈水库坝前表底层水温随季节的变化如图6-13所示。由图可以看出,从2月起表层水温逐渐升高,到8月时表层水体温度最高,约30 ℃,随后逐渐下降;底层水温变化趋势相同,到9月温度升至最高,约为23 ℃。底层水体温度在4月底开始和表层温度有差异,且差异逐渐增大,到9月份后,表层和底层水温又重新变得相同并随着气温的降低而下降。另外,在枯水年夏季,表层和底层水温差异明显大于平水年和丰水年。

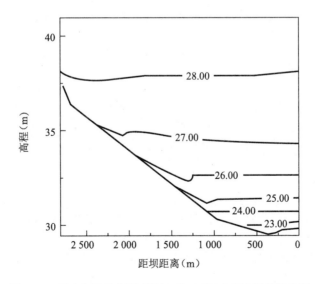

图6-10　平水年夏季典型时间(8月15日)水库水温等值线图

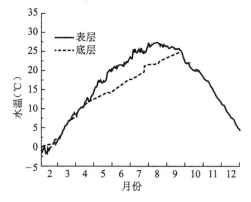

图 6-11　丰水年坝前表层与底层水体水温变化曲线

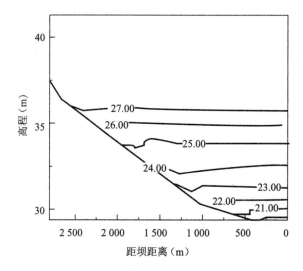

图 6-12　丰水年夏季典型时间(8 月 15 日)水库水温等值线

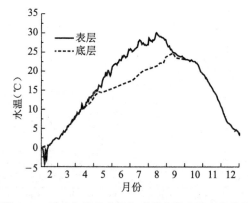

图 6-13　枯水年坝前表层与底层水体水温变化曲线

　　枯水年夏季典型时间(8 月 15 日)水库库区水温等值线图如图 6-14 所示。由图可知,在枯水年夏季,由于坝前水体深度较大,其温度分层明显,温度差异最大达到 10 ℃,高于丰水年及平水年。距离大坝 2 km 的范围内,水温有分层现象,而更远处水温不分层。

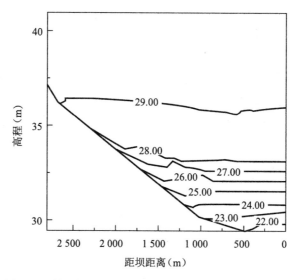

图 6-14　枯水年夏季典型时间(8 月 15 日)水库水温等值线

第五节　调水对水库水温分层的影响

一、出水口高程

这里以典型平水年为例,分别选择出水口底部高程为 31 m、33 m、35 m、37 m 和 39 m,保持其他输入条件不变,从而可以模拟不同出水口高程对水库水温分层的影响。

不同出水口高程条件下坝前水体温度的变化如图 6-15 所示。从图 6-15 可以看出,出水口高程的改变对上层水体水温影响不大,而对水深 8 m 及 11 m 处的水温影响显著,而且水库深部水温会随着出水口高程的升高而下降,且温度下降集中在 4 月至 9 月,尤其是夏季 7、8 月份。其原因在于,出水口高程上升时,下层水体的交替比较弱,从而阻碍了上层水体向下移动及热量传送,因此下层水温有所下降。另外,由图 6-15(c)、(d)可以看出,当出水口高程由 31 m 升为 33 m 时,水深 11 m 处水体水温下降很大,水深 8 m 处水体水温则无太大变化;而出水口高程由 33 m 升为 35 m 时,水深 8m 处水体水温下降更大;若出水口高程继续上升时,下层水体水温基本不受影响。

表底层水体水温差大于 1 ℃可以视为水体分层。那么,模拟结果表明,出水口高程升高时,水体分层的时间由 171 天延长至 197 天。

受不同出水口高程的影响,平水年夏季典型时间(8 月 15 日)坝前水温垂向分布的模拟结果见图 6-16。由该图可以看出,出水口高程的改变不仅影响了坝前水体底层的温度,还直接影响了水温分层的结构。当出水口高程升高时,温跃层厚度增加,水体在温跃层中的温度下降更加剧烈。

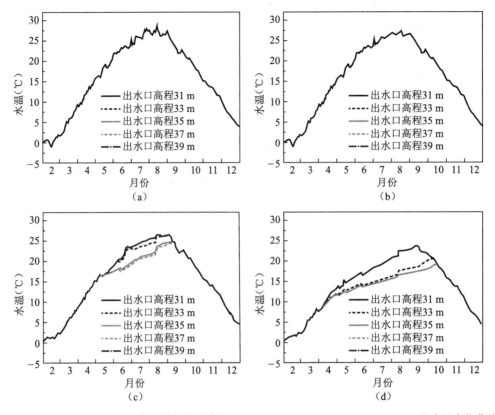

图 6-15　平水年不同出水口高程时坝前区域水深 0 m（a）、5 m（b）、8 m（c）、11 m（d）处水温变化曲线

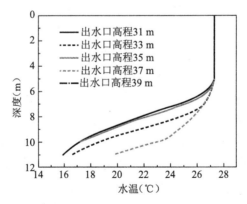

图 6-16　平水年夏季典型时间（8 月 15 日）不同出水口高程时坝前水体垂向水温分布图

二、出水流量

出水流量的大小受到水库库容和需水量的影响。以平水年为例，分别选择 8 月份出水流量为 0 m³/s、0.18 m³/s 和 0.23 m³/s，其他初始条件和边界条件不变，从而可以计算不同出水流量对该水库水温分层的影响程度。

不同出水流量时，平水年典型时间（8 月 15 日）坝前水体垂向水温分布的模型模拟结果见图 6-17。由图可以看出，出水流量的改变对水库水温略有影响，尤其是对于下层水体，其原因在于水库出水口位于大坝底部，出水流量的增加使得上层温度较高的水体向下层移动,从而使下层水体温度升高。而上层水体温度基本不受影响。

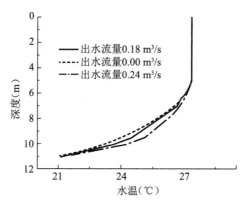

图 6-17　平水年典型时间(8 月 15 日)不同出水流量时坝前水体垂向水温分布图

第六节　小结

通过对王圈水库的水温进行数值模拟,预测了水库不同水文年全年水温的变化,并模拟了不同出水口高程以及不同出水流量对水温分层的影响,得到的主要结论如下:

(1)模型验证结果表明,建立的模型具有较高的模拟精度,参数的选择比较合理,基本可以反映王圈水库的实际情况。

(2)不同水文年时,从 2 月起表层水温逐渐升高,到 8 月时表层水体温度最高,随后逐渐下降;底层与表层水温变化趋势相同但相对缓慢,到 9 月温度升至最高。从 3～4 月开始,底层和表层水体温度存在差异,且差异逐渐增大;到 9 月份后,表层和底层水温又逐渐接近,并随着气温的降低而下降。丰水年时,由于入库流量更大,水体掺混强烈,水温分层现象较其他水文年更弱。

(3)模拟结果表明,出水口高程的改变对上层水体水温影响不大,而对水深 8 m 及 11 m 处的水温影响显著,水库深部水温会随着出水口高程的升高而下降,且温度下降集中在 4 月至 9 月,尤其是夏季 7 月、8 月份。出水流量的改变对水库水温略有影响,主要表现在水体的下层,而上层水体温度基本不受影响。

第七章

铁锰氧化处理的试验研究

化学预氧化法是一种适用面较广的污染水处理技术,这种方法运行灵活方便,也便于与其他水处理工艺联合使用[130]。目前水处理常用的强氧化剂有臭氧、高锰酸钾、二氧化氯、次氯酸钠等等。综合各氧化剂的优缺点,本书选择高锰酸钾和二氧化氯作为预氧化剂。本章通过化学预氧化试验,研究高锰酸钾和二氧化氯的除铁锰效能,分析了反应时间、氧化剂投加量、初始铁锰浓度等因素对化学预氧化除锰效果的影响,从而确定除铁锰效果最优的氧化剂,可以为后续工程设计提供依据。

第一节 试验材料与方法

一、试验材料

(一)试验用水

试验用水为蒸馏水,采用分析纯硫酸锰($MnSO_4 \cdot H_2O$)和硫酸亚铁($FeSO_4 \cdot 7H_2O$)溶液来调节锰和铁的浓度,并用 0.1 mol/L 的盐酸和氢氧化钠调节溶液 pH 值。

(二)试剂的配制

1. 锰离子溶液

称取 0.153 6 g $MnSO_4 \cdot H_2O$ 置于 1 L 蒸馏水中,充分搅拌溶解,同时加入 0.1 mol/L 硝酸,调节其 pH < 2.0,制备成浓度为 50 mg/L 的锰溶液,储存于具盖试剂瓶中,并用不透光布包覆,避光保存备用。实验中的投加浓度以投加后的水样分析值为准。

2. 铁离子溶液

称取 0.248 2 g $FeSO_4 \cdot 7H_2O$ 置于 1 L 蒸馏水中,充分搅拌溶解,同时加入 0.1 mol/L 硫酸调节 pH < 2.0,制备成浓度为 50 mg/L 的铁溶液,储存于具盖试剂瓶中,外用不透光布包覆,避光保存备用。实验中的投加浓度以投加后的水样分析值为准。

3. 高锰酸钾溶液

采用分析纯高锰酸钾,使用时配制成浓度为 250 mg/L 的溶液进行投加。通过高锰酸钾与 Mn^{2+} 和 Fe^{2+} 的反应式可知,理论上氧化 1 g 的 Mn^{2+} 需要 1.92 g $KMnO_4$,氧化 1 g 的 Fe^{2+} 需要 0.94 g $KMnO_4$。

4. 二氧化氯溶液

在实验室制备较高浓度的二氧化氯溶液,使用时稀释为 250 mg/L。理论上讲,当 pH<7 时,氧化 1 g 的 Mn^{2+} 需要 0.49 g $KMnO_4$,氧化 1 g 的 Fe^{2+} 需要 1.21 g ClO_2;当 pH>7 时,氧化 1 g 的 Mn^{2+} 还是需要 0.49 g $KMnO_4$,而氧化 1 g 的 Fe^{2+} 只需要 0.241 g ClO_2。

二、试验仪器和器皿

主要包括 78-1 型磁力加热搅拌器和 250 mL 的玻璃烧杯。用于贮存和测定二氧化氯的玻璃器皿应与其他玻璃器皿分开存放,并且不能作它用。由于二氧化氯可与玻璃器皿发生反应,在玻璃表面形成一种疏水的表面覆盖物。因此,在整个实验过程中,在使用全部玻璃器皿之前,均需在二氧化氯水溶液中浸泡、老化 24 小时,在之后的使用中只能用水洗涤,以保证采样、检测过程中的准确性,确保测定结果准确、可靠。

三、试验方法

(一)二氧化氯溶液的制备

1. 制备原理

在亚氯酸钠($NaClO_2$)溶液中慢慢地加入稀 HCl 可制取 ClO_2。采用 $NaClO_2$ 饱和溶液去除反应过程中所产生的氯气(Cl_2)等杂质,由稳定的空气流入装有蒸馏水的洗气瓶来吸收产生的 ClO_2(图 7-1),反应式为(7-1):

$$5NaClO_2 + 4HCl \longrightarrow 5NaCl + 4ClO_2 + 2H_2O \qquad (7-1)$$

2. 制备工艺

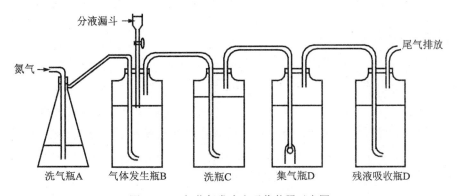

图 7-1　二氧化氯发生和吸收装置示意图

在制备二氧化氯时,将整套系统放入带有防护性装置的通风橱中。在洗气瓶 A 中装入 1 000 mL 的蒸馏水;在 75 mL 的蒸馏水中溶解 10 g $NaClO_2$,将溶液倒入气体发生瓶 B 中;将 2:1 HCl 转移至分液漏斗中;在洗瓶 C 中装入 100 mL 的 $NaClO_2$ 溶液;在集气瓶 D 中装入 200 mL 的蒸馏水用以吸收 ClO_2 气体;最后在残液吸收瓶 D 中装入一定量的 NaOH 溶液用以吸收剩余的气体,防止 ClO_2 造成污染。

开启一稳定气流通过系统检查各瓶中气泡产生速率是否一致。从分液漏斗向发生瓶中加入稀 HCl,并连续通入氮气,直至气瓶中的蒸馏水变为黄棕色,取出集气瓶,将 ClO_2 水溶液装入有玻璃塞的棕色瓶内,用碘量法准确测定 ClO_2 溶液的浓度,放入暗的冰箱中储存备用。需要使用时,用无氯水稀释至试验所需浓度。

(二)不同因素影响试验方法

1. 反应时间

首先,在 250 mL 的容量瓶内,加入 7.5 mL 的锰离子浓度调溶液和 5 mL 的铁离子溶液,定容至 250 mL,配制成模拟水样,其中 Mn^{2+} 的浓度为 1.5 mg/L, Fe^{2+} 为 1 mg/L; 然后,将该水样倒入 250 mL 烧杯中,分别迅速地加入浓度为 250 mg/L 的高锰酸钾溶液 3.82 mL 或浓度为 250 mg/L 的二氧化氯溶液 1.96 mL;将烧杯放在磁力搅拌器上,以 150 r•min^{-1} 的转速进行搅拌,在 5 min、10 min、20 min、30 min、45 min、60 min、80 min、120 min、180 min 时,将水样用 0.45 μm 的滤膜过滤,测定溶液的 Mn^{2+}、Fe^{2+} 的浓度和色度。在二氧化氯作为氧化剂的试验中,还需测定 ClO_2^- 的浓度。

2. 氧化剂投加量

如上所述,将配置好的模拟水样倒入烧杯后,分别加入不同体积的高锰酸钾溶液(0、0.5、0.7、0.94、2.45、3.2、3.8 mL)和二氧化氯溶液(0、0.6、0.9、1.21、1.96、2.34、2.71、4.21、5.71 mL)。然后,将烧杯放在磁力搅拌器上,以 150 r•min^{-1} 进行搅拌。在 5 min、10 min、30 min、60 min、80 min、120 min、180 min 时,将水样用 0.45 μm 的滤膜过滤,并测定溶液的 Mn^{2+}、Fe^{2+} 和 ClO_2^- 的浓度以及色度。

3. pH 控制

同样,配置好模拟水样后,调节水样 pH 分别为 6、7、8、9,加入浓度为 250 mg/L 的高锰酸钾溶液 2.45 mL 或浓度为 250 mg/L 的二氧化氯溶液 2.71 mL。搅拌后,在 5 min、10 min、30 min、60 min、80 min、120 min、180 min 时取样,并测定溶液的 Mn^{2+}、Fe^{2+} 和 ClO_2^- 的浓度以及色度。

4. Fe^{2+} 浓度

在 250 mL 的容量瓶内加入 7.5 mL 的锰离子溶液后,分别加入 2.5、5.0、7.5、10.0、15.0、20.0 mL 的铁离子溶液,定容至 250 mL,配置成模拟水样,其中 Mn^{2+} 的浓度为 1.5 mg/L,Fe^{2+} 浓度分别为 0.5、1.0、1.5、2.0、3.0、4.0 mg/L。然后,将该水样倒入 250 mL 烧杯中,分别迅速地加入浓度为 250 mg/L 的高锰酸钾溶液 0.47、0.94、1.41、1.88、2.82、3.76 mL。搅拌后,在 5 min、10 min、30 min、60 min、80 min、120 min、180 min 时,并测定溶液的 Mn^{2+}、Fe^{2+} 和 ClO_2^- 的浓度以及色度。

(三)分析方法

实验过程中分析项目和检测方法见表 7-1。

表 7-1　试验分析项目及其检测方法

检测项目	单位	检测方法	备注
Mn^{2+}	mg/L	高碘酸钾氧化光度法或原子吸收光度法	检测下限为 0.05 mg/L
Fe^{2+}	mg/L	邻菲啰啉分光光度法或原子吸收光度法	检测浓度上下限分别为 0.03～5.00 mg/L
色度	度/倍	铂钴标准比色法或稀释倍数法	
pH	—	便携式 pH 计法	
Cl_2	mg/L	连续碘量滴定法	检测下限为 0.05 mg/L
ClO_2	mg/L		
ClO_2^-	mg/L		
ClO_3^-	mg/L		

第二节　高锰酸钾对铁锰的氧化效果分析

一、高锰酸钾对铁锰的氧化机理

（一）高锰酸钾对锰的氧化

在中性和微酸性条件下，高锰酸钾可以迅速将水中二价锰氧化成四价锰：

$$3Mn^{2+}(aq) + 2KMnO_4 + 2H_2O(l) = 5MnO_2(s) + 2K^+(aq) + 4H^+(aq) \qquad （7-2）$$

按照这个反应式进行计算：

$$\frac{KMnO_4}{Mn^{2+}} = \frac{2 \times 158}{3 \times 55} \approx 1.92 \qquad （7-3）$$

按上式计算，每氧化 1 mg/L 二价锰需要 1.92 mg/L 高锰酸钾，所以理论所需高锰酸钾投药量为：

$$[KMnO_4] = 1.92[Mn^{2+}] \qquad （7-4）$$

式中，$[KMnO_4]$——理论所需高锰酸钾投药量（mg/L）；

　　$[Mn^{2+}]$——锰离子的浓度（mg/L）。

但实际上所需高锰酸钾量比理论值低，因为反应生成物——二氧化锰是一种吸附剂，能直接吸附水中的二价锰，从而使高锰酸钾用量降低。当水中含有其他易于氧化的物质时，则高锰酸钾用量会相应增大。

当高锰酸钾投加量超过需要量时，处理后的水会显粉红色，必须严格控制。允许高锰酸钾投加量在一定的安全幅度内变动，仍能保持良好的水处理效果。随着 pH 值增高，此安全变化幅度越宽，而所需投加量也相应减少。能使处理水显色的极限高锰酸钾投加量为水中二价锰浓度的 2.3～3 倍[131]。

（二）高锰酸钾对铁的氧化

高锰酸钾也是一种较强的氧化剂，将其投入水中，能迅速地将二价铁氧化为三价铁：

$$3Fe^{2+}(aq) + MnO_4^-(aq) + 7H_2O(l) = 3Fe(OH)_3(s) + MnO_2(s) + 5H^+(aq) \quad (7-5)$$

按照这个反应式进行计算：

$$\frac{KMnO_4}{3Fe^{2+}} = \frac{158}{3 \times 55.85} \approx 0.94 \qquad (7-6)$$

即每氧化 1 mg/L 的二价铁离子，需要 0.94 mg/L 的高锰酸钾，所以理论所需高锰酸钾投药量为：

$$[KMnO_4] = 0.94[Fe^{2+}] \qquad (7-7)$$

式中，$[KMnO_4]$——理论所需高锰酸钾投药量（mg/L）；

$[Fe^{2+}]$——铁离子的浓度（mg/L）。

前人研究发现[131]，在高锰酸钾投药量较上述理论值小的情况下，就能具有较好的除铁效果，这是反应生成的二氧化锰具有接触催化作用所致。

此外，实际应用中可能有一些还原性物质与高锰酸钾发生副反应，从而消耗高锰酸钾，所以除铁所需高锰酸钾的投量，应由实验来确定。

二、高锰酸钾氧化处理铁锰的影响因素

（一）反应时间

试验水样中初始 Fe^{2+} 和 Mn^{2+} 的浓度分别为 1 mg/L 和 1.5 mg/L，水样 pH 未做调节（约为 6.35）。根据计算，若要完全氧化 Mn^{2+} 所需的高锰酸钾理论投加量为 2.88 mg/L，则 $[KMnO_4]/[Mn^{2+}] = 1.92$；完全氧化溶液中的 Fe^{2+} 所需的高锰酸钾理论投加量为 0.94 mg/L，即 $[KMnO_4]/[Fe^{2+}] = 0.94$，故所需的高锰酸钾总量为 3.82 mg/L。反应后剩余铁锰浓度和铁锰去除率随时间的变化曲线见图 7-2。

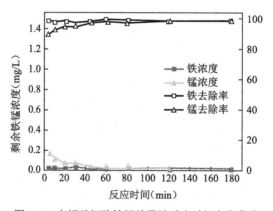

图 7-2　高锰酸钾除铁锰效果随反应时间变化曲线

由图 7-2 可以看出，锰的去除率随着反应时间的增加而增大，在反应时间 5 min 时，锰剩余浓度为 0.16 mg/L，去除率为 89.54%；到 60 min 时，剩余浓度为 0.02 mg/L，已满足饮用水标准，锰去除率达到 98.78%；之后随时间增加无明显变化。反应时间对铁去除的效果影响较小，在反应进行到 5 min 时，铁的剩余浓度为 0.01 mg/L，浓度小于标准要求的 0.3 mg/L，去除率已达到 98.55%，之后去除率变化很小；到 180 min 时，铁的去除率为 99.07%。这是由于铁的氧化还原电位比锰低，溶液中高锰酸钾先与 Fe^{2+} 发生反应，再

与 Mn^{2+} 反应；另外，由于水样偏酸性，锰与高锰酸钾的反应比中性或偏碱性环境慢。但是，较长的预氧化时间有利于水合二氧化锰胶体交换吸附水中的锰[132]。因此，随着时间增加，锰的去除率进一步升高。试验结果表明，在偏酸性条件下，铁、锰与高锰酸钾的反应都较迅速，在 40min 内能够反应完全。

（二）高锰酸钾投加量

试验水样初始 Fe^{2+} 和 Mn^{2+} 的浓度分别为 1.0 mg/L 和 1.5 mg/L，水样 pH 未做调节（约为 6.35），高锰酸钾的投加量分别为 0、0.5、0.7、0.94、2.45、3.2、3.8 mg/L。在前 4 个投加量条件下，消耗铁所需的高锰酸钾浓度为：$[KMnO_4]/[Fe^{2+}]=0、0.5、0.7、0.94$，而没有多余的高锰酸钾与锰反应，即 $[KMnO_4]/[Mn^{2+}]=0$；在后 3 个投加量条件下，高锰酸钾消耗铁需要的投加量为：$[KMnO_4]/[Fe^{2+}]=0.94$，同时高锰酸钾消耗锰需要的投加量为 $[KMnO_4]/[Mn^{2+}]=1、1.5、1.92$。反应后溶液中剩余 Mn^{2+} 和 Fe^{2+} 浓度的变化情况及去除率见图 7-3 和图 7-4。

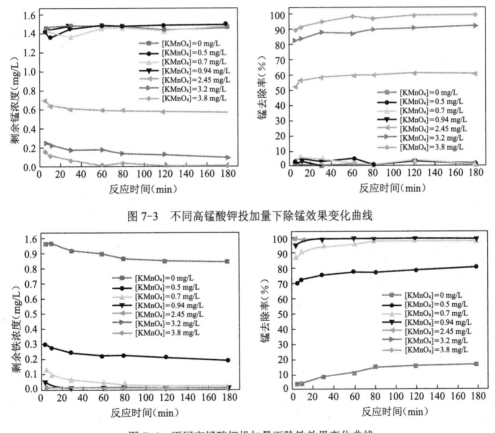

图 7-3　不同高锰酸钾投加量下除锰效果变化曲线

图 7-4　不同高锰酸钾投加量下除铁效果变化曲线

由图 7-3 和图 7-4 可以看出，当 0.5 mg/L $\leqslant [KMnO_4] \leqslant 0.94$ mg/L 时，锰的浓度略微有所下降，但在这几种高锰酸钾的投加量下锰的浓度变化很微小，去除率也只在 6% 以下；铁的浓度始终在 0.3 mg/L 以下，去除率在 70% 以上。当 $[KMnO_4]=2.45$ mg/L，锰的浓度才开始下降较快，说明高锰酸钾投加后首先跟铁发生反应，这是因为铁的氧化还原电位比锰低，二价铁成为高价锰（三价和四价锰）的还原剂，因此二价铁能大大阻碍二价锰的氧化［见式(7-8)］[101]。

$$2Fe^{2+}+MnO_2+2H_2O = 2Fe^{3+}+Mn^{2+}+4OH^- \tag{7-8}$$

所以，只有在水中基本上不存在二价铁的情况下，二价锰才能被氧化。

从图 7-3 和图 7-4 还可以看出，在未加高锰酸钾的情况下（[KMnO$_4$] = 0 mg/L），水样中剩余铁的浓度随着时间的推移是逐渐降低的，这是 Fe^{2+} 被空气中的氧气氧化的结果。由于试验水样为偏酸性，Fe^{2+} 被氧化的速度较慢，而 Mn^{2+} 被氧化的速度更慢，所以在试验期间剩余锰浓度几乎没有变化。

另外，对不同时刻、不同投加量条件下水样的色度进行了测定。当高锰酸钾投加过量时，会使水样呈现粉红色。通过分析水样色度（稀释倍数法）发现，当高锰酸钾投加量为 3.8 mg/L 时，反应 5 min 后水样的色度为 16 倍，反应 10 min 后水样的色度减小为 8 倍，从 30 min 至以后水样的色度都为 0。其余投加量条件下，不同时刻水样的色度也为 0，说明只有当高锰酸钾的投加量不超过 3.2 mg/L 时才能保证预氧化后的水样没有色度。

（三）pH 值

试验水样初始 Fe^{2+} 和 Mn^{2+} 的浓度分别为 1 mg/L 和 1.5 mg/L，水样 pH 分别调节为 6、7、8、9，高锰酸钾的投加量为 2.45 mg/L，剩余锰和铁的浓度变化及去除率见图 7-5 和图 7-6。

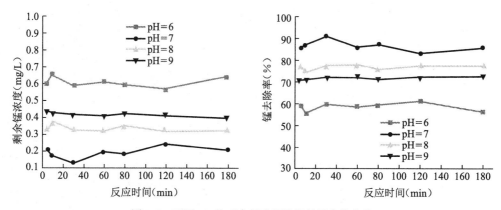

图 7-5　不同 pH 值下高锰酸钾除锰效果变化曲线

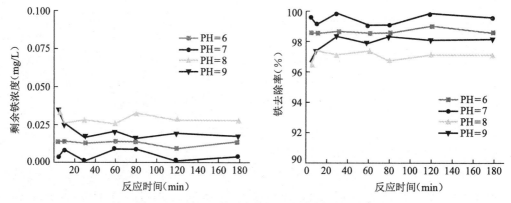

图 7-6　不同 pH 值下高锰酸钾除铁效果变化曲线

图 7-5 表明,pH 对锰的去除有较大的影响,锰的去除率随 pH 值的升高而先升高后降低。在弱酸性条件下,反应剩余锰浓度最高,在 0.6 mg/L 左右,去除率仅 60% 左右;在中性条件下,水中锰的去除效果最好,可以达到 85%;在弱碱性条件下,高锰酸钾预氧化对锰的去除率较高,在 70% ~ 80% 之间。因为在酸性条件下高锰酸钾氧化能力强,氧化还原产物多为 Mn^{2+}。二价锰离子在水中以溶解态存在,不易在后续过滤过程中去除,并且由于投加高锰酸钾引入新的锰元素,导致其去除率低于中性环境[130]。在中性条件下,氧化还原产物为 MnO_2,在水中分离效果好,容易被过滤去除,所以在中性条件下去除效果最好。在碱性条件下,生成的水合二氧化锰带正电荷,不易吸附锰离子,且在碱性条件下高锰酸钾氧化效能降低,所以在碱性条件下去除率有所下降[133,134]。除此之外,在此投加量下,高锰酸钾氧化锰的速度也加快了,剩余锰浓度随时间也没有明显的变化规律。

由图 7-6 可知,pH 对高锰酸钾除铁效果的影响很小。4 种 pH 条件下,水样中 Fe^{2+} 在 5 min 内都已迅速被氧化,去除率达到 96% 以上,且剩余浓度随时间也没有明显的变化。

(四)Fe^{2+} 浓度

试验水样初始 Mn^{2+} 的浓度为 1.5 mg/L,Fe^{2+} 分别为 0.5、1.0、1.5、2.0、3.0、4.0 mg/L,水样 pH 未调节(约为 6.35)。保持高锰酸钾与 Fe^{2+} 反应的投加比例为 $[KMnO_4]/[Fe^{2+}]=0.94$,即高锰酸钾的投加量分别为 0.47、0.94、1.41、1.88、2.82 和 3.76 mg/L。剩余锰的浓度和铁的浓度及去除率见图 7-7 和图 7-8。

从图 7-7 得知,初始 Fe^{2+} 的浓度越高,水样中剩余锰浓度越低。在反应时间为 60 min 处,当水样初始 Fe^{2+} 浓度为 0.5 mg/L 时,其对应的锰去除率仅为 1.2%,而水样初始 Fe^{2+} 浓度为 4 mg/L 时,其对应的锰去除率升高到了 24%。前面已经提到,高锰酸钾先与 Fe^{2+} 发生反应,并且本试验中氧化剂的投加量只能满足 Fe^{2+} 的氧化,那么试验水样中减少的 Mn^{2+} 不是被高锰酸钾氧化去除,而是被 Fe^{2+} 的氧化产物 $Fe(OH)_3$ 吸附去除。$Fe(OH)_3$ 具有与水中各种离子络合的能力,可以优先吸附 Fe^{2+}、Mn^{2+} 等化学性质相近的阳离子。铁的初始浓度越大,反应形成的 $Fe(OH)_3$ 就多,对二价铁、锰离子的吸附量就多,因此初始 Fe^{2+} 浓度越大,水样中剩余锰的浓度越低[135]。

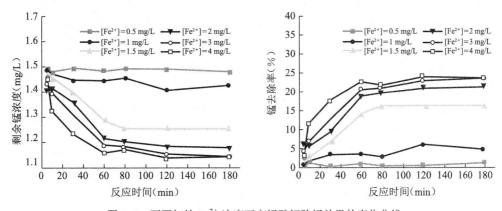

图 7-7 不同初始 Fe^{2+} 浓度下高锰酸钾除锰效果的变化曲线

由图 7-8 可以看出,初始 Fe^{2+} 的浓度越高,剩余 Fe^{2+} 浓度减小的速率越慢。但是,在初始阶段,水样中初始 Fe^{2+} 的浓度越高,Fe^{2+} 去除率也越高,这是由于 Fe^{2+} 浓度高,生成的 Fe(OH)₃ 多，而 Fe(OH)₃ 胶体对 Fe^{2+} 具有吸附作用。当反应进行到 80 min 时，不同初始 Fe^{2+} 条件下铁的去除率接近一致。

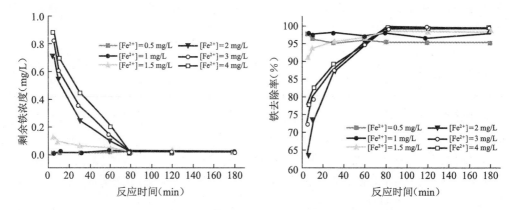

图 7-8　不同初始 Fe^{2+} 浓度下高锰酸钾除铁效果的变化曲线

第三节　二氧化氯氧化铁锰的效果分析

一、二氧化氯对铁锰的氧化机理

二氧化氯除铁锰的原理也是利用其化学氧化性，对水中铁锰离子进行氧化，从而形成不溶性沉淀，然后通过后续过滤分离的方法加以去除。其特点是，可以在相对较低的 pH 值条件下，使铁锰迅速氧化，无需任何成熟期。因此，使除铁除锰工艺的操作得以简化，并更加符合实际生产的需要。

二氧化氯可以提高氧化剂与铁锰的氧化还原电位差，加快反应的速率。二氧化氯的氧化还原电位为：ClO_2/Cl^-，$E^0=1.51$ V；而氧气的氧化还原电位为：O_2/H_2O，$E^0=1.2$ V[136]。

（一）二氧化氯对锰的氧化

由于二氧化氯的强氧化性，可将水中的 Mn^{2+} 氧化成不溶于水的二氧化锰，同时也能氧化被有机物螯合的 Mn^{2+}，通过混凝沉淀、过滤等去除；在二氧化氯的预氧化过程中还会生成一定量的水合二氧化锰，其较强的吸附性能也能将水中的部分 Mn^{2+} 吸附在其表面，通过后续常规处理被去除。

二氧化氯氧化 Mn^{2+} 的速度快，反应生成的亚氯酸根，又进一步与 Mn^{2+} 反应：

$$2ClO_2 + Mn^{2+} + 4OH^- = MnO_2(s) + 2ClO_2^- + 2H_2O \tag{7-9}$$

$$ClO_2^- + 2Mn^{2+} + 2OH^- = 2MnO_2(s) + 2H^+ + Cl^- \tag{7-10}$$

总反应式为：

$$2ClO_2 + 5Mn^{2+} + 6H_2O = 5MnO_2(s) + 12H^+ + 2Cl^- \tag{7-11}$$

按式(7-9)计算，氧化 1g Mn^{2+} 需要 2.45 g ClO_2，即 $[ClO_2]/[Mn^{2+}]=2.45$；按式(7-11)计算，氧化 1 g Mn^{2+} 需要 0.49 g ClO_2，即 $[ClO_2]/[Mn^{2+}] = 0.49$。

如若二氧化氯和锰离子之间按式(7-11)反应完全，就不会出现亚氯酸盐浓度过高的问题,亚氯酸盐的氧化进行的程度不仅关系到处理效果,还关系到实际应用的可行性,所以具体两步反应程度都值得进一步研究。

(二)二氧化氯对铁的氧化

二氧化氯除铁的原理如式(7-12)、式(7-13)所示。按式(7-12)计算,1 mg/L ClO_2 能氧化 0.83 mg/L Fe^{2+},即 $[ClO_2]/[Fe^{2+}]=1.21$;按式(7-13)计算,1 mg/L ClO_2 能氧化 3.31 mg/L 的 Fe^{2+};按总反应式(7-14),$[ClO_2]/[Fe^{2+}]=0.24$。有资料研究表明,用 ClO_2 去除铁的时候,ClO_2 投加量一般是 Fe^{2+} 浓度的1.2倍,可以看出该反应进行到第一步[137]。

$$ClO_2 + Fe^{2+} + 3OH^- = 5Fe(OH)_3(s) + ClO_2^- \qquad (7\text{-}12)$$

$$ClO_2^- + 4Fe^{2+} + 10OH^- = 4Fe(OH)_3(s) + Cl^- + 8H^+ \qquad (7\text{-}13)$$

$$ClO_2 + 5Fe(HCO_3)_2 + 3H_2O = 5Fe(OH)_3 + 10CO_3^{2-} + Cl^- + 4H^+ \qquad (7\text{-}14)$$

如果以上两步反应完全进行,理论上去除 1 mg/L 的 Fe^{2+},需要 ClO_2 0.242 mg/L。

二、二氧化氯氧化处理铁锰的影响因素

(一)反应时间

试验水样中初始 Fe^{2+} 和 Mn^{2+} 的浓度分别为 1 mg/L 和 1.5 mg/L,水样 pH 未做调节(约为6.35)。根据计算,若要完全氧化 Mn^{2+} 所需的二氧化氯理论投加量为 0.75 mg/L,即 $[ClO_2]/[Mn^{2+}]=0.5$;完全氧化溶液中的 Fe^{2+} 所需的二氧化氯理论投加量为 1.21 mg/L,即 $[ClO_2]/[Fe^{2+}]=1.21$,故所需的二氧化氯总量为 1.96 mg/L。反应后剩余铁锰浓度和铁锰去除率随时间的变化曲线见图7-9。

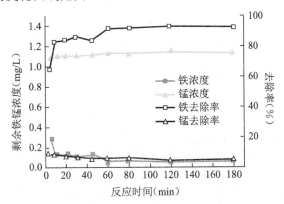

图7-9　二氧化氯除铁锰效果随反应时间变化曲线

由图7-9可以看出,反应时间对锰去除的效果影响很小,在反应期间锰的去除率保持在 24%～27% 之间。可见,按 $[ClO_2]/[Mn^{2+}]=0.5$ 投加二氧化氯,并不能使 Mn^{2+} 全部氧化,第一步反应生成的 ClO_2^- 可能仅有一部分参与第二步反应。从图上还可看出,二氧化氯与铁的反应速度较快。在反应进行到 5 min 时,铁的剩余浓度为 0.28 mg/L,浓度已经小于标准要求的 0.3 mg/L,去除率达到 72.2%;之后,去除率进一步升高,当反应进行到 60 min 时,铁的去除率基本达到稳定,为 93%。由试验结果可知,在偏酸性条件下,铁、锰与二氧化氯的反应都较迅速,在 30 min 内都能够反应完全,这应该是由于二氧化氯与铁、锰的第一步反应较快导致的。

（二）二氧化氯投加量

试验水样初始Fe^{2+}和Mn^{2+}的浓度分别为 1.0 mg/L 和 1.5 mg/L，水样 pH 未做调节（约为 6.35），二氧化氯的投加量分别为 0、0.6、0.9、1.21、1.96、2.34、2.71、4.21 和 5.71 mg/L。在前 4 个投加量条件下，消耗铁需要的二氧化氯浓度为：$[ClO_2]/[Fe^{2+}]=0、0.6、0.9、1.21$，而没有多余的二氧化氯与锰反应，即 $[ClO_2]/[Mn^{2+}]=0$；在后 5 个投加量条件下，二氧化氯消耗铁需要的投加量为：$[ClO_2]/[Fe^{2+}]=1.21$，同时二氧化氯消耗锰需要的投加量为 $[ClO_2]/[Mn^{2+}]=0.5、0.75、1、2、3$。反应后溶液中剩余 Mn^{2+} 和 Fe^{2+} 浓度的变化情况及去除率见图 7-10 和图 7-11。

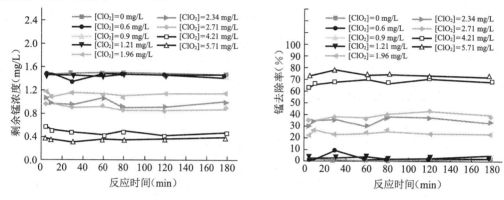

图 7-10　不同二氧化氯投加量下除锰效果变化曲线

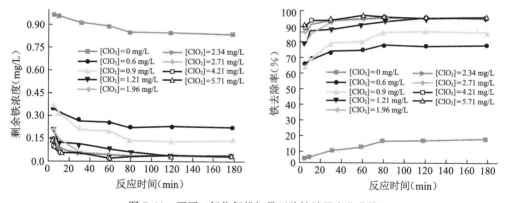

图 7-11　不同二氧化氯投加量下除铁效果变化曲线

由图 7-10 和图 7-11 可以看出，当 0.6 mg/L $\leqslant [ClO_2] \leqslant$ 1.21 mg/L 时，锰的剩余浓度基本没有变化，与水样中初始 Mn^{2+} 浓度接近；Fe^{2+} 的剩余浓度随着二氧化氯投加量的增加而增加，当反应时间达到 60 min 后，剩余 Fe^{2+} 浓度达到稳定，且保持在 0.3 mg/L 以下，去除率在 70% 以上。当 1.96 mg/L $\leqslant [ClO_2]/[Fe^{2+}] \leqslant$ 5.71 mg/L 时，剩余 Mn^{2+} 的浓度随着二氧化氯投加量的增加也开始下降；Fe^{2+} 的去除率非常接近，都在 97% 左右，说明二氧化氯投加后首先跟铁产生反应，因为铁的氧化还原电位比锰低，只有在水中基本上不存在二价铁的情况下，二价锰才能被氧化。

对不同二氧化氯投加量下，当反应进行了 60 min 时，还测定了水样中 ClO_2^- 的浓度（图

7-12)。需要说明的是，二氧化氯投加量为 0.6 mg/L 时，对应的 ClO_2^- 浓度低于测定方法的最低检出限 0.05 mg/L，故图中没有作出。图中，ClO_2^- 的理论生成量是二氧化氯分别与 Fe^{2+} 和 Mn^{2+} 第一步反应生成的 ClO_2^- 的总和。由图 7-12 可以看出，随着二氧化氯投量的增大，生成的亚氯酸根的量有所增加。二氧化氯投加量从 0.9 mg/L 增大到 5.71 mg/L 时，亚氯酸根生成量从 0.32 mg/L 升高到 0.76 mg/L，部分超过了国家饮用水标准（0.7 mg/L）。因此，当水样 pH 为弱酸性时，二氧化氯的投加量不能超过 5 mg/L。另外，从图中还可以看出，实际生成的亚氯酸根浓度远远小于只进行第一步反应生成的亚氯酸根的浓度，说明一部分亚氯酸根参与了第二步 Fe^{2+} 和 Mn^{2+} 的氧化反应。

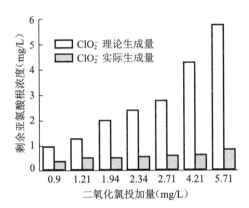

图 7-12　不同二氧化氯投加量下亚氯酸根的理论与实际生成量

（三）pH 值

试验水样初始 Fe^{2+} 和 Mn^{2+} 的浓度分别为 1 mg/L 和 1.5 mg/L，调节水样 pH 分别为 6、7、8、9，二氧化氯的投加量为 2.71 mg/L，剩余锰的浓度和铁的浓度变化及去除率见图 7-13 和图 7-14。

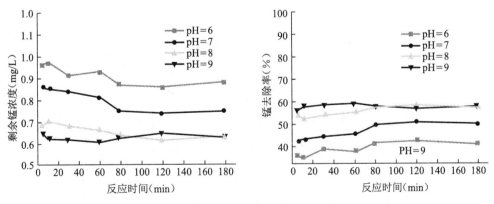

图 7-13　不同 pH 值下二氧化氯除锰效果变化曲线

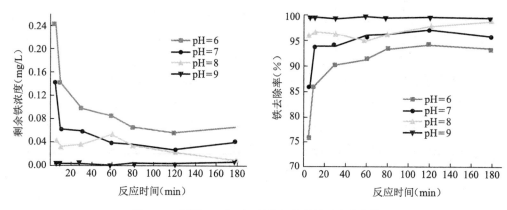

图 7-14　不同 pH 值下二氧化氯除铁效果变化曲线

图 7-13 表明，pH 对锰的去除有较大的影响，pH 从 6 升高到 8，Mn^{2+} 的去除率从 40% 左右升高到 60%。然而，当 pH＝9 时，Mn^{2+} 的去除率与 pH＝8 时的去除率接近，为 60% 左右，说明 Mn^{2+} 的去除率与 pH 不是正相关。由于二氧化氯在碱性溶液中会发生歧化反应，生成亚氯酸根和氯酸根的混合物，从而使氧化 Mn^{2+} 的二氧化氯减少，导致除锰效率降低[138]。综合试验结果，二氧化氯除锰的最佳 pH 为 8～9 之间。由图 7-14 可知，二氧化氯除铁效果随着 pH 的升高而升高。在不同 pH 条件下，水样中 Fe^{2+} 的氧化速度都很快，在 5 min 内去除率都已达到 75% 以上。当 pH＝9 时，Mn^{2+} 的去除率最高，达到 99%。

在不同 pH 值条件下，反应进行 60 min 后还测定了水样中的 ClO_2^-，见图 7-15。从图 7-15 可知，ClO_2^- 的生成量随着 pH 的升高而升高。因为在碱性条件下，ClO_2 与铁、锰的第一步氧化反应比较彻底，ClO_2^- 分解也越容易，从而造成 ClO_2^- 的浓度随着 pH 的升高而升高。因此，在 ClO_2-ClO_2^- 体系中，二氧化氯的投加量一定时，适当控制水样的 pH 值，可以充分发挥亚氯酸根的氧化作用，并有利于控制亚氯酸根的残留量。

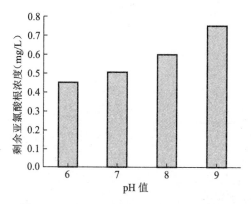

图 7-15　不同 pH 条件下的亚氯酸根产生量

第四节　小结

本节通过氧化搅拌试验，阐述了高锰酸钾和二氧化氯氧化铁锰的反应机理，分析了反应时间、氧化剂投加量、pH 值和初始 Fe^{2+} 的浓度等因素对两种氧化剂氧化铁锰效果的影响，得到的主要结论如下：

（1）高锰酸钾和二氧化氯这两种氧化剂与锰、铁的反应都比较迅速，在 30 min 内都能反应完全，且除锰、铁效果也都比较理想。但相比而言，二氧化氯除锰速度更快一些。此外，高锰酸钾在 pH＝7 的条件下除锰效果最好，而二氧化氯在 pH＝9 的条件下去除效果最好。

（2）当高锰酸钾的投加量不超过 3.2 mg/L 时，能够保证预氧化后的水样没有色度。当水样 pH 为弱酸性时，二氧化氯的投加量不能超过 5 mg/L；在二氧化氯的投加量一定时，适当控制水样的 pH 值，可以充分发挥亚氯酸根的氧化作用，并有利于控制亚氯酸根的残留量。

（3）根据王圈水库的动态监测数据，水库夏季 pH 在 8～9 之间，另外，市北水厂目前采用的氧化剂为高锰酸钾，考虑到处理效果和实际情况，本研究后续试验中选择采用二氧化氯作为预氧化剂。

第八章

不同滤料除铁锰效果研究

接触氧化法中对锰、铁起催化氧化作用的不是滤料本身,而是附着在滤料表面的"活性滤膜"。因此,"活性滤膜"的形成是锰、铁得以去除的关键。相关研究表明[139-142],不同滤料由于成分、性能差异,对"活性滤膜"的形成有较大影响,而且不同滤料形成"活性滤膜"后对锰、铁的去除效果也有差异。因此,不同品种的滤料在试验运行初期的除锰、铁效果差异较大。本章首先选用石英砂和锰砂为滤料,对比研究两种滤料形成"活性滤膜"过程中的除锰、铁效果;然后,以石英砂、锰砂和纤维束为滤料,采用预氧化-砂滤的方式,比较三种滤料去除锰、铁的效果,从而确定除锰效果最优的滤料。

第一节 试验材料和方法

一、试验材料

1. 试验用水

试验用水为自来水,自来水经过活性炭吸附,水中余氯已被去除。采用分析纯硫酸锰($MnSO_4 \cdot H_2O$)和硫酸亚铁($FeSO_4 \cdot 7H_2O$)溶液来调节试验用水中锰和铁的浓度,并用0.1 mol/L的盐酸和氢氧化钠调节溶液 pH 值。

2. 滤料

石英砂:青岛胶州,粒径 0.5～1 mm,主要理化指标见表 8-1;

锰砂:青岛胶州,粒径 0.5～1 mm,主要理化指标见表 8-2;

纤维束:为即墨市市北水厂现在采用的滤料,主要理化指标见表 8-3。

3. 试验药剂

锰、铁离子溶液同 7.1.1.2 节。

4. 计量泵

科越牌水泵:DS-2F 型波纹管药液计量泵,见图 8-1。

表 8-1　石英砂滤料主要物理指标

分析项目	SiO₂ （%）	破碎率 （%）	磨损率两项之和（%）	孔隙率 （%）	盐酸可溶率 （%）	密度 （g/cm³）	堆密度 （g/cm³）	含泥量 （%）	灼烧减量 （%）	熔点 （℃）
水处理标准	≥85	<2	—	<3.5	2.5～2.7	—	<1	≤0.7	—	
测试数据	≥93.6	<0.35	<0.3	45	0.2	2.66	1.65	0.46	0.32	1 600

表 8-2　锰砂滤料主要理化指标

分析项目	MnO₂含量（%）	SiO₂含量（%）	Fe含量（%）	含泥量（%）	密度（g/cm³）	堆密度（g/cm³）	相对密度比重（g/cm³）	容重（g/cm³）	盐酸可溶率（%）	磨损率（%）	破碎率（%）
测试数据	20～45	17～20	≈20	<2.5	2.66	1.85	3.2～3.6	2.0	<3.5	≤1.0	≤1.0

表 8-3　纤维束滤料主要物理指标

指　标	纤维径（μm）	纤维长（mm）	束粗（mm）	空隙率（%）	截泥量（kg/m）	充填密度（kg/m）	表面积（m²/m）
测试数据	20～50	15～25	100～150	≥98	8	50～70	3 500

图 8-1　DS-2F 型波纹管药液计量泵

二、试验装置

动态过滤试验装置主要由配水系统和滤柱组成，其装置图和示意图分别见图 8-2 和图 8-3。

1. 原水储备瓶

采用 15 L 放水瓶作为原水储备瓶，原水由计量泵抽出。

2. 氧化剂储备瓶

采用 5 L 放水瓶作为氧化剂储备瓶，其中二氧化氯溶液浓度为 11.5 mg/L，放水瓶用黑色塑料袋罩住,避光保存。氧化剂通过计量泵抽出后,与氧化剂混合,并保证有 20 倍管径的管长使二者混合均匀。混合后的溶液进入储水瓶,为滤柱供水。

3. 滤柱

试验采用 3 根尺寸相同的透明有机玻璃滤柱,每根滤柱高 1 200 mm,内径为 50 mm,填料滤层厚为 600 mm,填料分别为锰砂纤维束(1#)、石英砂(2#)和锰砂(3#),滤料直径均为 0.5～1 mm,承托层为粒径 4～8 mm 的卵石,厚 100 mm。滤柱进水流量通过计量泵调节,在滤料层顶部向下每隔 100 mm 设一个取样口,共 6 个。在滤柱顶部以下 200 mm处设一个溢流口,为反冲洗出水口。滤柱在顶部以下 200 mm 处和底部以上 100 mm 处各引一根测压管,用以监测柱内的水头变化。

图 8-2　试验装置图

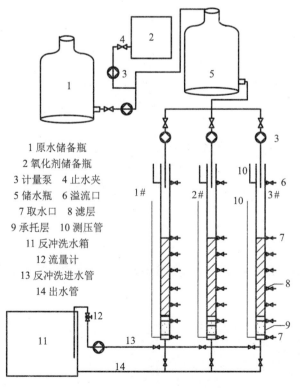

1 原水储备瓶
2 氧化剂储备瓶
3 计量泵　4 止水夹
5 储水瓶　6 溢流口
7 取水口　8 滤层
9 承托层　10 测压管
11 反冲洗水箱
12 流量计
13 反冲洗进水管
14 出水管

图 8-3　试验装置示意图

4. 反冲洗装置

反冲洗的时机为：从表象上来说，当滤料表面沉积的红色氧化物已经基本把下边的滤料完全覆盖，且滤层水头损失增大到一定程度时，便需要进行反冲洗，否则会严重影响出水水质以及氧化膜的形成。反冲洗的时机也可以从数据的变化上看出来，当铁、锰浓度降低的趋势减缓，乃至停止时，也需要进行反冲洗。滤层的反冲洗是通过水泵将水从水箱中抽出，并根据流量计调节流量，使水从滤柱底部进入并冲洗滤层。反冲洗用水为滤柱去除铁锰后的出水。实际操作中是以滤层的膨胀系数为标准来选择反冲洗的时机，膨胀系数即滤层膨胀后增加的体积与原滤层体积的比，一般控制为 40%。

三、试验方法

1. 接触氧化试验

在未投加氧化剂的情况下，研究石英砂和锰砂滤料的成熟期和除锰效果。试验过程中，依靠自然过滤形成除锰滤膜，其过程与接触氧化工艺中锰质活性滤膜的培养过程相似，曝气方式采用跌水曝气。打开计量泵将含铁、锰的原水按一定的流量从储水瓶中抽出。过滤初期，滤柱一般采用较小的滤速，以免产生的水流剪力过大，使初期吸附不够牢固的活性滤膜脱落下来，因此，初期的滤速通常为 2 m/h。经过一段时间的培养，当循环出水中锰的浓度连续稳定达到 0.05 mg/L 以下时，将滤速提高到 4 m/h；如此操作，滤速每次提高 2 m/h，直至 8 m/h。据前人研究，这样的运行方式有利于活性滤膜的形成[143]。实验 24 小时连续运行，过滤周期为 10 天，每 10 天反冲洗一次。反冲洗时，先停止进水，然后将已通过滤柱、去除了铁锰的出水从滤柱底部打入，通过止水夹控制滤层的膨胀程度，反冲洗时间为 10 min。培养期间采用的反冲洗强度为 $8 \sim 10$ L/s·m^2；当滤层成熟后，反冲洗强度提高到 $12 \sim 14$ L/s·m^2。每天对进水 Mn^{2+} 浓度和出水 Mn^{2+} 浓度进行测定。

2. 预氧化 – 砂滤试验

研究投加二氧化氯（0.99 mg/L）的情况下纤维束滤料、石英砂和锰砂滤料的除锰效果。打开计量泵，将原水和氧化剂溶液按一定的流量从各自的储备瓶中抽出，通过软管使二者混合均匀后，流入另一个储水瓶中待用。采用计量泵（按 6 m/h 的滤速）将经过预氧化的原水抽入滤柱。通过设置在滤层表面的取样口，测定预氧化后的进水水质，并且分别在 10 min、30 min、1 h、2 h、4 h、6 h、8 h、10 h 和 12 h 时，从滤柱底部的取样口取样，测定出水的 Mn^{2+}、Fe^{2+} 的浓度和色度。

第二节 不同滤料接触氧化除锰的效果分析

石英砂和锰砂两种滤料接触氧化培养的试验结果见图 8-4 和图 8-5。由两图可以看出，将锰砂和石英砂连续进行 2 个多月运行培养后，出水锰浓度始终不能达标。2# 石英砂滤柱的锰去除率在 15% ～ 35% 之间波动，3# 锰砂滤柱的锰去除率在 40% ～ 50% 之间。试验初期锰的去除主要是由于滤料本身对锰离子的吸附作用，因此吸附的强度完全取决于滤料的种类和表面性质。由于锰砂对锰离子的吸附作用要高于石英砂，因此锰砂滤柱的锰去除率在初期明显高于石英砂滤柱。随着过滤时间的延长,滤料表面吸附的锰离子会有部分发生氧化形成锰氧化物,这个过程对于不加强氧化剂的滤层来说,速度十分缓慢,并且在滤层中是由上向下逐步进行。

在 70 天的运行之中,观察到石英砂滤料的表面自上向下逐渐由白色转变为浅褐色,除锰效率也随时间的延长缓慢上升并稳定,但在整个实验期间,滤柱最高锰去除率只有50% 左右。由此可以看出,不加氧化剂,只以接触氧化理论培养除锰滤层,在一定时间(约70 天)内是无法达到成熟状态的。如果继续延长培养时间,滤层也有可能会因形成活性滤膜而最终形成成熟滤层,但这个成熟期通常很长并且无法控制。

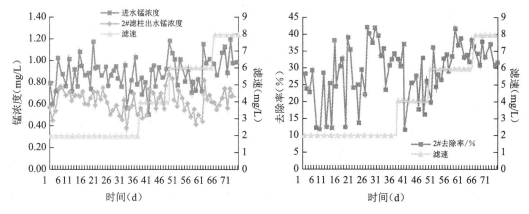

图 8-4　培养期间石英砂滤柱出水锰浓度与去除率的变化曲线

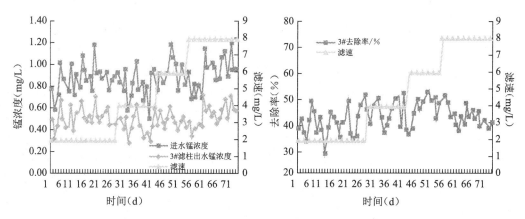

图 8-5　培养期间锰砂滤柱出水锰浓度与去除率的变化曲线

第三节　预氧化－砂滤的除铁锰效果分析

试验进水 Mn^{2+} 和 Fe^{2+} 的浓度分别为 1.5 mg/L 和 1 mg/L,二氧化氯投加量为 0.99 mg/L,滤速 6 m/h,粒径 1～2 mm,滤料层厚 60 cm。在预氧化－砂滤试验过程中,不同滤料除锰、铁的效果及其去除率见图 8-6 和图 8-7。

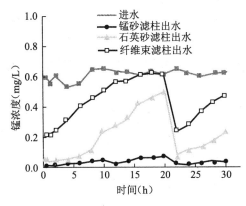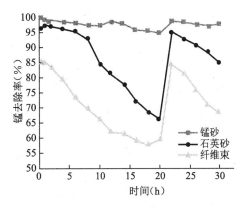

图 8-6　不同滤料条件下预氧化 - 砂滤过程除锰效果的变化曲线

从图 8-6 可以看出,纤维束和石英砂滤料在试验初期的除锰效果较好,去除率分别达到了 96.7% 和 85.3%,并且石英砂滤柱出水中 Mn^{2+} 浓度在水质标准要求的 0.1 mg/L 以下。但是,随着时间的增加,两种滤料的锰去除率开始快速下降,尤其是纤维束滤料,出水 Mn^{2+} 浓度在试验 2 h 时就开始增加,到 20 h 时已升高到 0.59 mg/L,与进水 Mn^{2+} 浓度接近,去除率下降到 59.6%;石英砂对应的锰去除率下降到 66.6%,并且从图上曲线可以看出,锰去除率还有进一步下降的趋势。由于水头损失较大,在 20 h 时对滤柱进行了反冲洗。反冲洗后两滤柱出水中 Mn^{2+} 浓度恢复到初始时刻水平,然而随着时间又开始升高。而锰砂滤柱出水中 Mn^{2+} 的浓度在整个试验期间都小于标准 0.1 mg/L。可见,锰砂滤柱对 Mn^{2+} 的去除效果要优于石英砂和纤维束滤柱。

滤料在形成"活性滤膜"之前,对水中 Mn^{2+} 的去除主要是以吸附为主[143]。石英砂、纤维束滤料属吸附能力较弱的滤料,对 Mn^{2+} 的吸附容量小,吸附过程速率较慢[139]。随着运行时间的延长,一方面石英砂和纤维束滤料对 Mn^{2+} 达到吸附饱和,另一方面吸附在二者表面的 Mn^{2+} 在实验条件下难以被水中的溶解氧自然氧化,即氧化速率跟不上吸附速率,从而导致 Mn^{2+} 脱附。对滤层进行反冲洗,可以将之前吸附在二者表面的 Mn^{2+} 及其氧化物带走,使滤料又空出吸附点位。所以,在反冲洗后,两滤料表现出短暂的除锰效果。而锰砂表面粗糙,孔隙率高,本身对 Mn^{2+} 吸附能力很强,吸附速率快,后期又形成活性滤膜,所以在整个试验期间一直表现出良好的除锰效果。

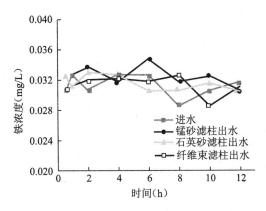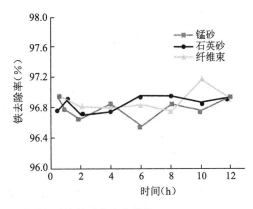

图 8-7　不同滤料条件下预氧化 - 砂滤过程除铁效果的变化曲线

图 8-7 表明,铁的去除效果非常明显,原水被二氧化氯氧化后,在进入滤柱之前,其中的 Fe^{2+} 浓度就已经减小到 0.032 mg/L 左右,去除率达到 96% 以上,与 3 个滤柱的出水 Fe^{2+} 浓度相差无几。其中被去除的 Fe^{2+} 有一部分是由于装置的原因,在试验过程中不可避免地与空气接触而被氧化,另外,试验采用的原水为 pH 值为 8.3 左右的自来水,因此,进水中的 Fe^{2+} 很容易就被氧化成高价铁而去除。

第四节　小结

本节通过接触氧化试验和预氧化－砂滤试验,研究了石英砂和锰砂作为接触氧化法中滤料的除铁锰性能,对比了石英砂、锰砂和纤维束滤料在预氧化－砂滤试验过程中的除锰、铁效果,得到的主要结论如下:

(1)在试验初期锰砂滤柱的锰去除率明显高于石英砂滤柱,但是不加氧化剂,只以接触氧化理论培养除锰滤层,两种滤料除锰效果都较低(石英砂和锰砂的锰去除率分别为 35% 和 50%),并且滤层的成熟期很长(大于 60 天)且无法控制。

(2)在试验初期石英砂、锰砂和纤维束滤料的除锰效果较好,去除率都大于 80%,但石英砂和纤维束滤料的除锰持续时间短,而在整个试验期间锰砂除锰效果稳定。

第九章

预氧化-砂滤组合工艺除铁锰试验

铁锰污染的原位处理方法工程量大,成本较高,见效时间长;将铁锰污染治理与自来水厂水处理相结合,利用并改造水厂现有工艺和设备,具有可操作性强,效果显著的优点。本书通过化学预氧化-砂滤试验,研究不同氧化剂投加量、滤速、初始铁锰浓度、滤料厚度等因素对二氧化氯预氧化-锰砂砂滤组合除锰工艺效果的影响,掌握了工艺的运行效果和技术参数,可以为工程设计和生产运行管理提供依据。

第一节　试验材料和方法

一、试验材料和装置

本节所用试验用水、药剂与计量泵都与8.1.1中试验材料相同。所用滤料为锰砂,有0.5～1 mm、0.6～1.2 mm、1.0～2.0 mm三种粒径。

试验装置与8.1.2中装置相同。

二、试验方法

1. 铁锰去除工艺的控制条件

打开计量泵,将原水和氧化剂溶液按一定的流量从各自的储水瓶中抽出,通过软管使二者混合均匀后流入另一个储水瓶中待用。将经过预氧化的原水通过计量泵按一定的滤速注入滤柱。在滤层表面设置取样口,对预氧化后的进水水质进行监测。分别在10 min、30 min、1 h、2 h、4 h、6 h、8 h、10 h和12 h时,从滤柱一侧的取样口取样,测定出水中Mn^{2+}、Fe^{2+}的浓度和色度。当滤柱水头损失较大时,对滤柱进行反冲洗。

研究不同工艺条件下的铁锰去除效果,具体试验控制条件见表9-1。

表 9-1　试验控制条件

试验条件＼试验项目	氧化剂投加量（mg/L）	滤速（m/h）	粒径（mm）	进水锰浓度（mg/L）	进水铁浓度（mg/L）	滤层厚度（cm）
进水锰浓度	0	6	0.6～1.2	1.5,2.0,3.0,4.0,5.0	1	60
氧化剂投加量	0.24,0.62,0.99,1.74	6	0.6～1.2	1.5		
滤　速	0.99	4,6,8,10	0.6～1.2	1.5		
粒　径	0.99	6	0.5～1,0.6～1.2,1～2	1.5		

2. 滤层厚度确定

原水 Mn^{2+} 和 Fe^{2+} 的浓度分别为 1.5 mg/L 和 1 mg/L，二氧化氯投加量 0.99 mg/L，滤速为 6 m/h，滤料粒径为 0.6～1.2 mm，滤料层厚为 80 cm。分别在 10 min、30 min、1 h、2 h、4 h、6 h、8 h、10 h 和 12 h 时，在滤柱不同位置的取水口采集水样，测定 Mn^{2+} 和 Fe^{2+} 的含量。

3. 预氧化－砂滤工艺运行的稳定性

工艺运行实验的目的是将最佳运行参数进行组合，验证二氧化氯预氧化－锰砂砂滤除铁锰工艺的运行效果和稳定性。除滤料层厚 60 cm 外，其他试验条件与 2 相同。

第二节　不同工艺条件对除锰效果的影响

由于原水中 pH 较高，Fe^{2+} 的去除效果非常理想，出水 Fe^{2+} 都小于标准 0.3 mg/L，并且不同工艺条件对 Fe^{2+} 的去除反应不明显，故本节主要对锰的去除效果进行分析。

一、Mn^{2+} 初始浓度

试验原水 Mn^{2+} 的浓度分别为 1.5、2.0、3.0、4.0、5.0 mg/L，Fe^{2+} 浓度为 1 mg/L，未投加二氧化氯，滤速为 6 m/h，滤料粒径为 0.6～1.2 mm，试验结果见图 9-1。

由图 9-1 可知，在试验前 4 个小时内，不同进水 Mn^{2+} 浓度条件对应的出水 Mn^{2+} 浓度都较低，接近 0.1 mg/L，锰的去除率在 93%～97%之间，说明此时进水中的 Mn^{2+} 通过滤柱后基本都被去除；当试验进行到 6 h，进水 Mn^{2+} 浓度为 5 mg/L 时对应的出水 Mn^{2+} 开始升高，随后其他条件下出水 Mn^{2+} 浓度也相继升高，并且进水 Mn^{2+} 浓度越高，出水 Mn^{2+} 浓度上升得越快。前面已经提到，滤料在形成"活性滤膜"之前，对水中 Mn^{2+} 的去除主要是以吸附为主[143]。锰砂对 Mn^{2+} 的吸附容量大，吸附速率快，所以初期 Mn^{2+} 的去除效果好。由于试验过程中未加入絮凝剂进行沉淀，原水中氧化生成的 $Fe(OH)_3$ 经过滤柱时被锰砂吸附，也占用一部分吸附容量。随着时间的延长，滤料对 Mn^{2+} 的吸附达到饱和，导致出水 Mn^{2+} 浓度增加，并且进水 Mn^{2+} 浓度越高，出水 Mn^{2+} 浓度升高的趋势就越明显。

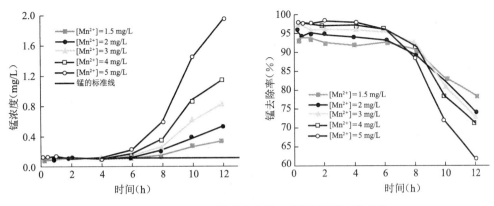

图 9-1　不同进水 Mn^{2+} 浓度条件下除锰效果的变化曲线

二、氧化剂投加量

试验原水 Mn^{2+} 和 Fe^{2+} 浓度分别为 1.5 mg/L 和 1 mg/L，二氧化氯投加量分别为 0.24、0.62、0.99、1.74 mg/L。在第 1 个投加量条件下，消耗铁需要的二氧化氯浓度为：$[ClO_2]/[Fe^{2+}] = 0.24$，而没有多余的二氧化氯与锰反应，即 $[ClO_2]/[Mn^{2+}] = 0$；在后 3 个投加量条件下，二氧化氯消耗铁需要的投加量为：$[ClO_2]/[Fe^{2+}] = 0.24$，同时二氧化氯消耗锰需要的投加量为 $[ClO_2]/[Mn^{2+}] = 0.25、0.5、1$。不同二氧化氯投加量对除锰效果的影响及锰去除率见图 9-2。经氧化剂氧化后，4 种投加量情况下对应进水 Mn^{2+} 浓度分别为 1.52、1.36、1.16 和 0.78 mg/L。

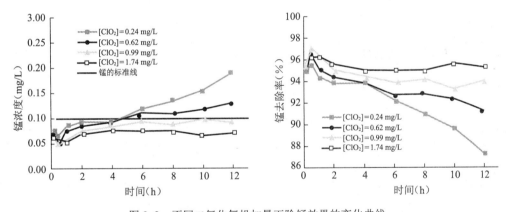

图 9-2　不同二氧化氯投加量下除锰效果的变化曲线

从图 9-2 可以看出，4 条曲线随时间的变化规律与上节中曲线变化规律相似，也是初期出水 Mn^{2+} 浓度达标，但随着时间的增加，$[ClO_2] = 0.24$ mg/L 条件下（即滤柱进水 Mn^{2+} 浓度最大）的出水 Mn^{2+} 浓度首先升高，随后其他条件对应的出水 Mn^{2+} 浓度也开始升高。另外，由图 9-2 可以得知，在试验期内，$[ClO_2] = 0.99$ mg/L 和 $[ClO_2] = 1.74$ mg/L 条件下对应的出水 Mn^{2+} 浓度都达标，即这两种氧化剂投加量较为合适。当二氧化氯投加量低于 0.99 mg/L 时，试验除锰效果得不到保障；而当二氧化氯投加量高于 1.74 mg/L 时，会使得处理成本增加，副产物 ClO_2^- 的浓度也会升高。

三、滤速

试验原水 Mn^{2+} 和 Fe^{2+} 浓度分别为 1.5 mg/L 和 1 mg/L，二氧化氯投加量为 0.99 mg/L，滤速 6 m/h，滤料粒径 0.6～1.2 mm，试验结果见图 9-3。4 条曲线对应的出水 Mn^{2+} 随着时间的增加而增加。滤速越高，出水 Mn^{2+} 浓度上升得越快。这是由于经二氧化氯氧化后的含锰水中，锰以极其微细的颗粒存在并且不产生絮凝[135]，当滤速较高，滤柱水力负荷较大时，水中微细的二氧化锰就容易随水流穿透滤层而影响滤后水水质，造成出水锰含量较高的现象；另外，滤速的增大使大量吸附在滤料表面的铁、锰离子来不及氧化，从而使滤料不能继续吸附铁、锰离子，这样铁、锰离子只能在滤层的更深处得以去除。当滤速增大到一定值时，实验中滤柱 60 cm 的滤层厚度已经不足以使进水中所有的铁、锰离子发生氧化反应，从而出现滤后水中铁、锰超标的现象。综上所述，为了保证出水流量和水质，在实验条件下，选择 6 m/h 作为滤速较为合适。

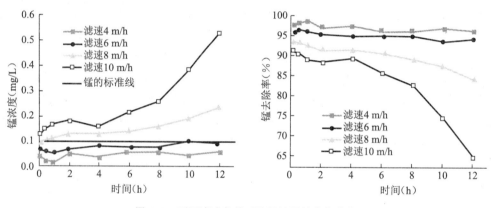

图 9-3　不同滤速条件下除锰效果的变化曲线

四、粒径

试验原水 Mn^{2+} 和 Fe^{2+} 浓度分别为 1.5 mg/L 和 1 mg/L，二氧化氯投加量为 0.99 mg/L，滤速为 6 m/h，滤料粒径分别为 0.5～1 mm，0.6～1.2 mm 和 1～2 mm，滤料粒径对除锰效果的影响及锰去除率见图 9-4。

由图 9-4 可知，当滤料粒径较小，即粒径分别为 0.5～1 mm 和 0.6～1.2 mm 时，试验期间出水 Mn^{2+} 浓度都能满足水质标准，锰去除率高，在 95%～100% 之间。当粒径增大为 1～2 mm 时，出水 Mn^{2+} 浓度在试验初期从 0.36 mg/L 降低到 0.22 mg/L，之后一段时间内稳定在 0.22 mg/L 左右，在 10 h 时又开始升高。原因是当粒径为 1～2 mm 时，微细的二氧化锰会穿透滤层，导致出水 Mn^{2+} 浓度较高；而当这些二氧化锰微粒在滤层中逐渐被截留，并改变了滤层的孔隙分布后，出水中 Mn^{2+} 浓度降低并达到稳定；后来，滤料的吸附容量不足，使得出水 Mn^{2+} 的浓度又开始升高。因此，用于除锰的砂滤层应具有较小的粒径。综合考虑滤层流量及实际应用的可行性，选取 0.6～1.2 mm 为最佳粒径。

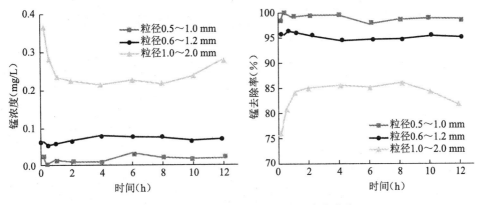

图 9-4　不同滤料粒径下除锰效果的变化曲线

第三节　滤层厚度对除锰效果的影响

本试验中 Fe^{2+} 的去除效果也非常理想,故本节也只对锰的去除效果进行分析。试验中原水 Mn^{2+} 和 Fe^{2+} 的浓度分别为 1.5 mg/L 和 1 mg/L,二氧化氯投加量为 0.99 mg/L,滤速为 6 m/h,滤料粒径为 0.6～1.2 mm,滤料层厚 80 cm。滤层厚度对除锰效果的影响及锰去除率见图 9-5。

在试验前 4 个小时内,不同滤层厚度条件下出水 Mn^{2+} 的浓度都较低。当滤层厚度为 30～80 cm 时,出水 Mn^{2+} 浓度都在 0.1 mg/L 以下,锰的去除率在 80%～97% 之间,说明进水中的 Mn^{2+} 只需通过厚度 30 cm 的滤层就能基本被去除;10 cm 和 20 cm 处的出水 Mn^{2+} 浓度比其他滤层厚度的出水 Mn^{2+} 浓度高,分别为 0.25 mg/L 和 0.13 mg/L 左右。到 6 h 时,40 cm 以下的出水 Mn^{2+} 开始升高,并且滤层厚度越小,出水 Mn^{2+} 浓度上升得越快,其原因前面已经提到,此处不再赘述。另外,从图 9-5 还可得知,滤层厚度为 60 cm 及以上时,在试验期间,对应的出水 Mn^{2+} 浓度都满足水质标准。原因是滤层厚度越高,滤料吸附容量越大,水中 Mn^{2+} 在滤料中的停留时间越长,从而 Mn^{2+} 越容易被吸附到滤料表面并被氧化。综上所述,考虑到 Mn^{2+} 的去除效果和处理成本,选择滤层厚度 60 cm 较为合适。

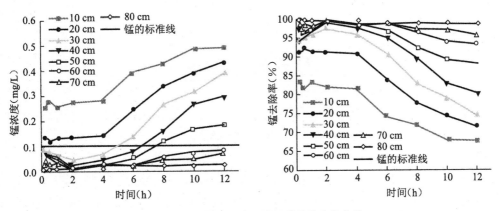

图 9-5　不同滤层厚度下除锰效果的变化曲线

第四节　预氧化-砂滤工艺运行稳定性分析

本节将前面通过试验得出的各项最优参数进行组合,分析在此试验条件下,预氧化-砂滤工艺对 Mn^{2+} 和 Fe^{2+} 的去除效果及其有效周期。各项参数最优条件分别为:二氧化氯投加量 0.99 mg/L,滤速为 6 m/h,滤料粒径 0.6～1.2 mm,滤料层厚 60 cm。

预氧化-砂滤工艺运行期间,原水 Mn^{2+} 和 Fe^{2+} 的去除效果及去除率见图 9-6。由图可知,在整个试验期间,Fe^{2+} 的去除效果良好,出水 Fe^{2+} 浓度一直保持在标准 0.3 mg/L 以内。出水 Mn^{2+} 在试验初期(17 h 内)一直低于标准 0.1 mg/L;当试验进行到 17 h,出水 Mn^{2+} 开始迅速增加,到 29 h 时升高到 0.3 mg/L,超过标准 3 倍,锰去除率也从 94% 下降到 79%。这种现象在前面的试验结果中已多次出现,这是由于在滤料形成"活性滤膜"之前,滤料的吸附容量已达到饱和。此时的水头损失已经较大,故在 30 h 时对滤柱进行了反冲洗。从图上可以看到,滤柱经反冲洗后,出水 Mn^{2+} 重新符合标准要求。经过一段时间以后,当试验进行到 49 h 时,出水 Mn^{2+} 再次升高,到 60 h 时已达到 0.22 mg/L。但此后出水 Mn^{2+} 没有进一步升高,而是稳定在 0.22 mg/L 左右,故在 70 h 处进行了第二次反冲洗。反冲洗后,出水 Mn^{2+} 保持在 0.1 mg/L 以内,并且也没有再升高。由此可以判断,滤料表面已经形成了一层具有吸附和催化活性的锰氧化物层,其对滤料除锰有明显的催化作用。但是,由于投加的二氧化氯是会不断被消耗的,所以即使有锰氧化物的催化作用,二氧化氯的投加量仍应满足 $[ClO_2]/[Mn^{2+}] \geqslant 1$。

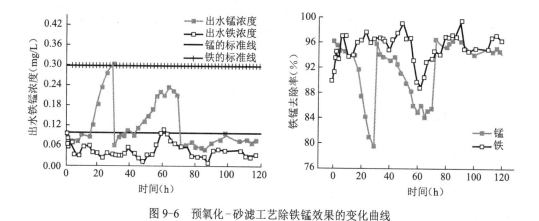

图 9-6　预氧化-砂滤工艺除铁锰效果的变化曲线

第五节　小结

通过预氧化-砂滤组合工艺运行试验的研究,分析了初始 Mn^{2+} 浓度,氧化剂投加量、滤速、粒径和滤料厚度等因素对化学预氧化-砂滤组合除锰工艺效果的影响,以及工艺运行的效果和稳定性,得到的主要结论如下:

(1)研究了预氧化-砂滤工艺的氧化剂投加量、滤速、粒径和滤料厚度等主要技术参数,最终确定工艺的控制条件为:二氧化氯投加量为 0.99 mg/L,滤速为 6 m/h,锰砂粒径为 0.6～1.2 mm，滤料层厚 60 cm。

（2）预氧化-砂滤组合工艺运行的稳定性和有效性研究表明，该工艺进行过两次反冲洗，运行 120 h 后滤料达到成熟期，出水 Mn^{2+} 和 Fe^{2+} 浓度都能符合饮用水水质要求，运行效果稳定良好。

第十章

王圈水库锰污染控制技术研究

根据王圈水库水环境特征及其研究成果,主要从锰污染治理技术和取水方式来进行水库锰污染的调控。

第一节 预氧化－锰砂砂滤组合除锰技术

在即墨市市北水厂水处理工艺和设施的基础上,对预处理系统和过滤系统进行改进和优化,最大限度地利用现有构筑物和设备,满足人民群众生产和生活用水的需要。

一、水处理工程概况

1. 单位概况

市北水厂位于北安街道办事处下疃村东南 0.5 千米处,南距城区(中心)6.5 公路,地面高程 57 m。于 1989 年 12 月建成通水,主要以王圈水库为水源,设计洪水能力为每日 1.5 万 m³,采用水平隔板反应、平流沉淀、虹吸过滤等水处理工艺流程。经过技术改造,目前实际供水能力达到每日 2.2 万 m³。厂区占地面积 16.92 亩,东部有综合楼、锅炉房、宿舍和传达室,西部有反应沉淀池、滤池、清水池、泵房、投剂加药回收泵房、回收池等构筑物。

2. 设计规模

水厂设计处理水量为 1.5 万 m³/d,折合流量为 6.25×10^3 m³/h。

3. 进水水质

王圈水库各项水质指标平均值见表 10-1。

表 10-1 进水水质指标

序号	水质项目	单位	进水水质
1	pH 值		8.5
2	总溶解性固体	mg/L	295

续表

序号	水质项目	单位	进水水质
3	DO	mg/L	5
4	臭和味		无
5	色度	铂钴色度	5
6	肉眼可见物		无
7	高锰酸盐指数	mg/L	5
8	盐度		0.23
9	电导率	mS/cm	0.45
10	锰	mg/L	1.5
11	铁	mg/L	1.0
12	氨氮	mg/L	0.05
13	硝酸盐氮	mg/L	0.5
14	总氮	mg/L	1.0
15	总磷	mg/L	0.05

4. 出水水质

根据《国家生活饮用水卫生标准(GB 5749—2006)》,设计主要出水水质指标见表 10-2。

表 10-2　设计出水水质

序号	水质项目	单位	限值
1	pH 值		6.5～8.5
2	总溶解性固体	mg/L	1 000
3	臭和味		无
4	色度	铂钴色度	15
5	肉眼可见物		无
6	高锰酸盐指数	mg/L	3
7	锰	mg/L	0.1
8	铁	mg/L	0.3
9	氨氮	mg/L	0.5
10	硝酸盐	mg/L	10
11	总大肠菌数	CFU/100 mL	不得检出
12	菌落总数	CFU/mL	100

二、水处理工艺

（一）现有工艺流程

1. 现有工艺说明

原水从水库放水洞流出,进入市北水厂整个过程的净水工艺流程见图 10-1。

1) 投剂室(含固体混凝剂库)

位于厂区西北部,为砖混结构平房,内设溶液池,装 JZ 型耐酸计量泵 2 台和通扩散式管道混合器的专用管道。

2) 反应沉淀池

位于生产区北部,长 50.48 m,宽 16.63 m,分反应和沉淀两部分。反应部分采用水平隔板反应,反应速度为每秒 0.2～0.6 m,反应时间 25 分钟。有效水深 0.7～1.7 m。沉淀部分有效水深 3.5 m,采用平流沉淀,总停留时间 2 小时,水平流速每秒 10 mm,回转 2 次。池上装有泵吸式 16 米跨度桁架式机械排泥机,用以排除污泥。

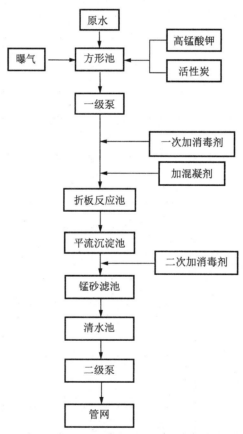

图 10-1　市北水厂现有水处理工艺流程图

3) 虹吸滤池

位于反应沉淀池以南,室内装有暖通设备。长 11.6 m,宽 9.8 m,共分 6 格,滤速每小时 10 m,运行周期 23 小时,冲洗强度 15 L·s^{-1}·m^{-2}。原来采用双层滤料,上层铺装粒径 1.0～1.8 mm 无烟煤,厚 400 mm;下层铺装粒径 0.6～1.2 mm 石英砂,厚 300 mm;承托层粒径 2～25 mm，厚 200 mm。改造后采用纤维束滤料，厚度 800 mm。配水系统采用混凝土孔板铺装一层尼龙网方式安装。滤池管廊内装 SZB-4 型真空泵 2 台，用于进、排水虹吸管抽气形成真空。

4）清水池

位于厂区西南部，半地下式，南北排列 2 座。每座长 19.0 m，宽 15.2 m，有效水深 3.5 m，容量 1 000 m³。两池之间有隔墙和联通阀，可以开启或关闭，以利沟通或隔离。池顶设通气孔和人字孔，池壁装有铁梯。

5）二级泵房

位于厂区南端西侧。地上式砖混结构平房，长 22.0 m，宽 6.6 m。泵房设计安装 250S-14 型离心清水泵 1 台，每小时流量 485 m³，扬程 14.0 m；1OSH-13A 型水泵 2 台，每台每小时流量 414 m³，扬程 20.3 m³ 台水泵各配 Y200L-4 型三相异步电动机、SZ-1 型水环式真空泵、XJO 型自耦减压启动器。二级泵房与变配电室相连，变配电室设计安装 S7-250/10 千伏变压器 1 台和配电盘、开关柜、电容柜等。

6）加氯间（含氯库）和回收泵房

位于厂区西侧，清水池以北，长 6 m，宽 3 m，砖混结构平房。加氯间居东，回收泵房居西。内装 ZJ-482 型转子加氯机 1 部，配 Y90s-4 型电动机和 TYPECO290S2 型加压泵。回收泵房内装有 80WG 型水泵 2 台，各配 Y132S-4 型电动机，采用 SZB-4 型真空泵引水；安装 IS125-100-250（J）型水泵 1 台。

7）回收水池

位于厂区西侧，清水池以北。地下敞开式，总容积为 7.5 m×8.0 m×5.0 m，有效容积 7.5 m×8.0 m×1.5 m，可容纳一格滤池定的一次反冲洗水量。

2. 现有工艺存在问题

1）输水管线

目前，在水库放水洞附近建有方形池，用于投加高锰酸钾。然而，在配水系统中的铁和锰会促进微生物滋生。微生物的积累（有时粘皮结成几厘米厚[144]）会导致管线的输水量减少和水表、阀门等设备阻塞。积累物（水化铁、氧化锰、细菌团的沉淀）蜕落常导致不良水味和气味。干管里沉淀的铁和锰常因流量的增加而再悬浮，使水的浊度增加。

2）沉淀池污泥

高锰酸钾与铁、锰发生反应过程中，高锰酸钾本身被还原为 MnO_2，比其他氧化剂产生的污泥量多，增加了污泥清除的工作量。高锰酸钾引起的沉淀会在过滤床上产生泥球，很难去除，也会降低滤床过滤效果。

3）滤料除锰效果

目前，水厂采用的滤料为纤维束滤料。根据试验研究结果和水厂实际处理效果，纤维束滤料除锰效果较差，导致水厂出水含锰量超标，处理效果不稳定。

（二）建议的水处理工艺改造方案

针对夏季该水厂锰处理不能达标的问题，建议更换预处理系统中的氧化剂，将高锰酸钾改为二氧化氯。另外，建议将虹吸滤池中的纤维束滤料更换为锰砂滤料。

1. 预处理系统

1）工艺过程描述

将预处理系统中投加的高锰酸钾改为二氧化氯。在水厂投剂室配备 1 台二氧化氯发生器，以工业氯酸钠和工业合成盐酸为原料制备复合型二氧化氯溶液，其中 ClO_2 占总有效产物（ClO_2+Cl_2）产量的 70% 以上。在原水进入折板反应池之前，按照 1.74 mg/L 的浓度向原水中投加二氧化氯溶液，用以氧化水中过量的 Mn^{2+} 和 Fe^{2+}。由于复合二氧化氯溶液中含有 30% 的 Cl_2，因此能够代替一部分预处理系统中投加的液氯消毒剂，节省水处理成本。

2）增加设备配置

二氧化氯发生器：1 台。

3）设备描述

化学法二氧化氯发生器主要由供料系统、反应系统、控制系统、吸收系统、反应液自动处理系统、安全系统组成，整体为高强度耐腐蚀材质。本书根据实际情况、水质要求和成本比较，选择采用复合型二氧化氯发生器。复合型二氧化氯发生器是指反应产物中有 ClO_2 和 Cl_2 混合物的二氧化氯发生设备，多采用氯酸钠、盐酸或氯酸钠、氯化钠、硫酸为原料。由于是以氯酸钠为主原料，故 ClO_2 的制备成本相对较低廉。图 10-2 为一种市售的复合型二氧化氯发生器。

图 10-2　市售复合型二氧化氯发生器

2. 锰砂过滤系统

1）工艺过程描述

在夏季水库锰超标时期，将原有处理工艺中的纤维束滤料改为锰砂滤料。当原水经过一系列处理并通过锰砂虹吸滤池后，能够将水中溶解状态的二价锰氧化成不溶解的四价锰，从而达到水质净化的目的。

2）主要构筑物

将原有虹吸滤池进行扩建，内置滤料更换为粒径 0.6～1.2 mm 的锰砂。

3）构筑物参数设计

设计水量：已知设计水量 $Q = 1.5$ 万 m^3/d。考虑水厂反冲洗等用水量，按 8% 计算，

则实际设计水量为 $Q = 15\,000 \times (1 + 8\%) = 16\,200\ \mathrm{m^3/d}$。

设计滤速：6 m/h。

冲洗方式和程序：先气冲洗 3 min，冲洗强度 18 $\mathrm{L/(m^2 \cdot s)}$，后水冲洗 7 min，冲洗强度 18 $\mathrm{L/(m^2 \cdot s)}$，即反冲洗历时 t 为 10 min，冲洗周期为 23 h。

滤池有效工作时间：滤池运行周期为 23 小时，其有效工作时间 $T = 23 - 10/60 = 22.83\ \mathrm{h}$。

滤池面积：$F = Q/(V \cdot T) = 118.3\ \mathrm{m^2}$

单池面积：采用 4 个池子，$f = F/4 = 29.6\ \mathrm{m^2}$，单排布置，池长宽比 $L/B = 1.5 : 1$ 左右，$L = 6.66\ \mathrm{m}$，$B = 4.44\ \mathrm{m}$。

校核强制滤速：$v = NV/(N-1) = 4 \times 6/(4-1) = 8\ \mathrm{m/h}$

滤池高度：承托层高度为 0.1 m（粒径 4～8 mm 的鹅卵石）；滤料层采用单层滤料，锰砂颗粒粒径 0.6～1.2 mm，厚度 0.8 m；砂面上水深 1.5 m；滤板及下面空隙总高 0.3 m；保护高度 0.3 m；滤池总高度 3 m。

配水系统：采用小阻力配水系统。

由于原滤池反冲洗强度为 15 $\mathrm{L \cdot s^{-1} \cdot m^{-2}}$，不能满足需要，故对原有反冲洗设备进行改造。

改造后工艺流程见图 10-3。

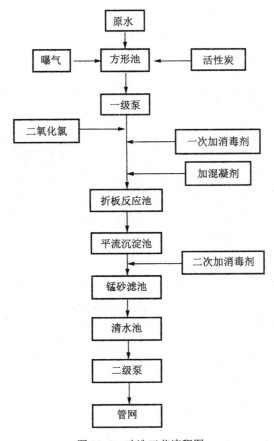

图 10-3　改造工艺流程图

三、系统投资和运行成本估算

本节估算的投资费用和运行成本是基于原水中 Fe^{2+} 和 Mn^{2+} 的浓度分别为 1 mg/L 和 1.5 mg/L,即水库铁、锰超标较严重时期的水处理成本,其他季节仍可按原工艺进行水处理。

1. 原工艺运行成本

根据水厂统计数据,水厂运行成本主要包括三部分:动力费用、药剂费用和原水费。

动力费用:0.386 元/吨

药剂费用:0.183 元/吨

原水费:0.3 元/吨

因此,每吨水总的运行成本为 0.869 元。

2. 新增/改造构筑物和设备投资

水厂工艺改进后,新增或改造设备为 1 台二氧化氯发生器和 1 座锰砂滤池,过滤材料为锰砂滤料和鹅卵石承托层,其投资估算见表 10-3。

表 10-3 新增/改造构筑物和设备投资预算

序 号	名 称	功率(kW)	数 量	单价(元)	总价(元)
1	二氧化氯发生器	1.9	2 台	20 000/台	40 000
2	锰 砂	—	251.74 t	800/t	201 392
3	承托层	—	31.35 t	300/t	9 405
4	锰砂滤池 (包括反冲洗设备)	—	1 座	150 000/座	150 000
合 计	400 797 元				

3. 改进工艺运行成本分析

1)二氧化氯投加

二氧化氯投加量为 0.99 mg/L,即每吨水需要 0.99 g 二氧化氯。采用复合型二氧化氯发生器制备的 ClO_2 成本为 0.01 元/克,故处理 1 吨水所需二氧化氯费用为 0.009 9 元。

2)二氧化氯发生器的电费

二氧化氯发生器的功率为 1.9 kW,按一天运行 24 h 计算,则其一天耗电 45.6 千瓦时,每千瓦时约为 0.55 元,水厂处理规模为 1.5×10^4 t/d,故发生器运行费用为 0.001 7 元/吨。

4. 水厂改进工艺前后运行成本比较

水厂原有工艺高锰酸钾投加量为每吨水需要 0.6 g 高锰酸钾,目前市售高锰酸钾每吨大约 15 000 元,故处理 1 吨水所需高锰酸钾费用为 0.009 元。

因此,单从药剂费用来看,工艺改进后氧化剂成本增加 0.000 9 元/吨,加上增加的动力费用 0.001 7 元,总共增加水处理成本 0.002 6 元/吨。

第二节 分层取水技术

王圈水库的放水洞进、出口均位于水库的底部，底面高程为 31.03 m，水厂夏季取水中 Fe、Mn 的含量明显超标。水质监测和研究表明，王圈水库在夏季时存在水温垂向分层，从而使下层水体中铁锰明显高于上层。因此，现有的底部放水洞供水方式无法保证供水水质要求，进而直接影响到当地的工业生产和居民生活。

一、取水设施概况

王圈水库是通过放水洞进行取水的。现有放水洞位于大坝 0+760 桩号，全洞长 104.94 m，进、出口底高程均为 31.03 m。主要由廊道、进口段、闸室段、出口段组成（图 10-4），其中进口段为 49.29 m，闸室段为 5.1 m，出口段为 50.55 m，廊道分平底和倒拱廊道。平底廊道长 20.14 m（位于进口段前部），其中进口喇叭口段长 1.6 m，为现浇钢筋砼结构，其余为浆砌石结构，廊道底宽 1.7 m，高 1.5 m；倒拱廊道长 79.7 m（含闸前段 29.15 m），倒拱为浆砌石结构，上部廊道为钢筋砼结构，廊道底宽 2.8 m，高 3 m（含倒拱高度 1.1 m）。倒拱廊道内设钢筋砼衬管，衬管内径 1.4 m（原为 1.5 m，后进行过补强）。放水洞设计流量为 3.74 m^3/s。

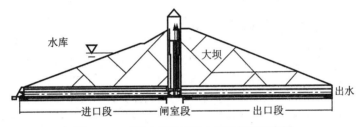

图 10-4 王圈水库现有放水洞纵剖面示意图

王圈水库修建于 1960 年，至今已经有 50 多年的历史（时间）。考虑到该水库夏季存在水温垂向分层，下层水体中铁锰明显高于上层。目前，采用底部取水的方式已无法保证供水水质的要求。

二、分层取水方案比选

（一）前置挡墙

前置挡墙方案是在原有底层放水洞的前方设置挡墙，从而挡住下层水体，而挡墙以上水体溢过挡墙，进入放水洞，从而达到提取上层水的目的。

根据现场监测和数值模拟，枯水年和平水年温跃层位于库底以上 5 m（放水洞底面以上 3 m），丰水年跃层位于库底以上 6 m（放水洞底面以上 4 m）。另外，王圈水库原放水洞底部高程为 31.03 m。因此，设置挡墙高要不低于 4 m，从而使挡墙顶部高程不低于 35.03 m，以满足上层取水的技术要求。

根据王圈水库的放水洞结构和水质分层情况，设计的前置挡墙结构见图 10-5，其中图 10-5（a）为进水口剖面示意图，图 10-5（b）为平面示意图。在拦污栅前 3 m 处设置钢筋混凝土挡墙，如图 10-5（a）所示，设置挡墙高为 4 m，挡墙顶部高程为 35.03 m，墙厚 0.5

m。挡墙底部为1m厚的钢筋混凝土基础。挡墙两侧分别设置厚0.5m的钢筋混凝土墙，并与大坝相连，如图10-5(b)所示。

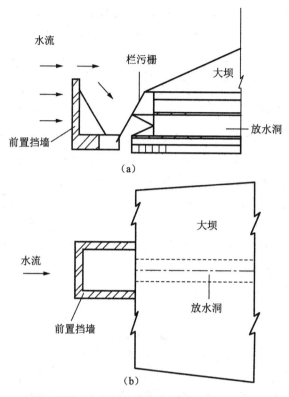

图10-5 王圈水库进水口前置挡墙方案剖面(a)和平面(b)布置示意图

（二）钢管式分层取水

钢管式分层取水装置是通过潜水员水下安装、固定钢管，并在钢管适当位置设置取水口，通过坝顶启闭设备，控制各取水口的开闭状态，从而来实现水库分层取水。

为了满足分层取水的技术要求，根据现场监测和数值模拟结果，分层取水口的高程应至少高于原放水洞底部高程4m，也就是分层取水口底面高程至少高于35.03 m。

结合王圈水库具体情况，设计斜卧式钢管分层取水，具体布置见图10-6。将一根长3 m，直径1.2 m的钢管伸入原放水洞中，浇注混凝土后使钢管与原放水洞良好结合，钢管另一端通过法兰盘连接三通件，三通件一端连接底部出水口，预留底部放水，另一端连接斜卧钢管；斜卧钢管紧贴坝面，并在适当部位安装抱箍，从而使钢管固定良好；根据取水需要及水库水位的变动情况，在高程35 m、39 m、43 m分别通过三通件连接横向钢管形成取水口，各取水口均设拦污栅和拍门，拍门连接不锈钢钢绞线，用于启闭。

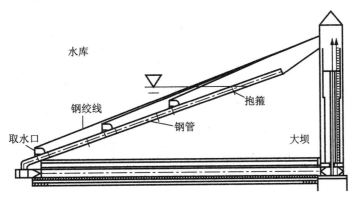

图 10-6　钢管式取水装置示意图

(三) 塔式分层取水

塔式分层取水是最传统,也是运用最多的分层取水方案。它将进水口沿垂直方向分若干层布置,每层取水口设垂直拦污栅 1 道,拦污栅后设检修闸门。检修闸门后为连接各层取水口的竖向流道,也就是取水塔,随后为事故工作闸门接引水隧洞。塔式分层取水设施,按进水方向可分为单向进水和多向进水;按闸门运动方向又可分为直插式和拍门式,最新的叠梁门闸门式分层取水是应用较为广泛和成熟的形式。

三、分层取水方案优化

上面介绍的不同分层取水方案均能满足王圈水库分层取水的需要,使水库在夏季时不取下层水,从而使取水水质达标。

王圈水库放水洞闸室位于大坝中部,采用塔式分层取水时,需要在水库放水的条件下,在坝前修建新的取水塔,或是在不同高程处挖建放水洞并重修闸门,采取多层取水方式。工程投资大,施工条件复杂,可能对大坝稳定性造成影响。同时,该水库库容及深度不大,故没有必要采用塔式分层取水。

前置挡墙方案的特点是只改变水体流态,而不改变出水口位置或是增加不同出水口。因此,它的优点是结构非常简单,操作运行方便,工程投资较省,施工专业单一、条件良好。其缺点是,水库水位一旦低于挡墙顶部高程时,则供水将被迫停止,水库实际可利用库容减小,不能根据实际水位控制出水位置。王圈水库水温分层只出现在 7～8 月,而前置挡墙方案不可调控取水高度,增大了死库容。

钢管式取水装置最大的特点在于不用放空水库,可直接在水下作业,非常适合已建水库取水设置的改造。其工程投资小,施工工期短,见效快,整体结构简单,管理方便,运行可靠。可根据水库特性在适当高程建立取水口,同时保留底部取水口,从而达到分层取水的目的。

综上所述,建议采用钢管式分层取水方案。当夏季水温分层时,开启第一进水口(高程 43 m),并保持其他进水口关闭;枯水年水位较低时,可开启第二进水口(高程 39 m)。其他时间,水温不分层,下层水体水质能够达到要求,可关闭分层取水口,采用底部进水。

第十一章

结　论

　　本书在区域自然环境概况调查的基础上,对水库进行了多次现场勘察取样,确定了水库水质和底质污染物含量的动态分布;对水库水质、底质的营养状态和重金属铁锰污染状态进行了评价;通过沉积物污染物释放实验,研究了水库底泥中铁、锰等污染物释放的机理以及环境因素对底泥中铁、锰释放的影响;建立了王圈水库水温数值模型,分析和优化了适宜的水库取水口深度;通过化学预氧化搅拌试验和砂滤试验,掌握了化学预氧化-砂滤组合除锰工艺的运行效果和技术参数。得到的主要结论如下:

　　(1)王圈水库的上覆水和底泥间隙水的水质呈现明显的季节变化特征,丰水期时,水库形成水温分层,底层的氨氮、可溶性铁锰含量显著增加,污染严重。

　　(2)单因子评价法显示水库水质在丰水期、平水期和枯水期的类别分别为 Ⅴ、Ⅴ 和 Ⅳ 类,总氮总磷超标严重,坝前底层水体铁锰在丰水期时超标严重。综合评价法的评价结果远优于单因子评价法,表层水体在不同水期均为 Ⅰ 类,垂向评价显示坝前底层水体为 Ⅲ 类。

　　(3)有机指数评价法证实水库底泥有机污染属于 Ⅲ 类,尚清洁,有机氮污染的污染程度属于 Ⅳ 类。地累积指数显示重金属锰存在一定的污染,在丰水期时,水库整体为 Ⅱ 类;潜在生态风险指数法表明水库底泥锰污染程度较轻,但不造成生态风险。

　　(4)王圈水库锰含量超标的主要原因是在水库水深较大的区域,由于水体出现温跃层,上下水体缺乏交换,下层水体溶解氧逐渐被耗尽而使下层水体变成还原环境,低价铁、锰等污染物就释放出来,造成下层水体污染。

　　(5)通过室内静态模拟实验,研究了不同溶解氧、pH 值、温度等条件下沉积物内源污染物的释放规律。结果表明,底泥释放是最重要的一个污染源,水库铁、锰在底泥释放影响过程中浓度超标分别可达 60 倍和 1.6 倍。温度对铁锰释放影响最大,其次是 pH 值,水体溶解氧浓度对铁的释放有一定的抑制作用,对锰的影响不大,主要与沉积物中锰的形态和有机物含量有关。

　　(6)对王圈水库水温结构进行的二维数值模拟表明,不同水文年时,从 2 月起表层水温逐渐升高,到 8 月时表层水体温度最高,随后逐渐下降;底层与表层水温变化趋势相同但相对缓慢，到9月温度升至最高。从3～4月开始，底层和表层水体温度存在差异，且差异逐渐增大；到9月份后，表层和底层水温又逐渐接近，并随着气温的降低而下降。丰水年时，由于入库流量更大，水体掺混强烈，水温分层现象较其他水文年更弱。

（7）模拟结果表明，出水口高程的改变对上层水体水温影响不大，而对水深8 m及11 m处的水温影响显著，水库深部水温会随着出水口高程的升高而下降，且温度下降集中在4月至9月，尤其是夏季7、8月份。出水流量的改变对水库水温略有影响，主要表现在水体的下层，而上层水体温度基本不受影响。

（8）预氧化试验结果显示，与高锰酸钾相比，二氧化氯与铁、锰反应更快，且在原水偏碱性的pH条件下除锰效果更好，故选择采用二氧化氯作为预氧化剂；通过石英砂、锰砂和纤维束滤料的除锰效果对比试验，选择除锰效果稳定的锰砂作为滤料。然后，通过对氧化剂投加量、滤速、粒径和滤料厚度等主要技术参数的研究，最终确定工艺的控制条件为：二氧化氯投加量0.99 mg/L，滤速6 m/h，锰砂粒径0.6～1.2 mm，滤料层厚60 cm，并且当工艺运行到120 h时，滤料达到成熟期，出水Mn^{2+}和Fe^{2+}处理效果良好。

（9）提出了预氧化-砂滤组合工艺除锰技术，针对夏季即墨市北水厂锰处理不能达标的问题，建议在水厂原有水处理工艺和设施的基础上，将预处理系统中氧化剂更换为二氧化氯；另外，将虹吸滤池进行扩建，并把纤维束滤料更换为锰砂滤料，最大限度地利用现有构筑物和设备，满足人民群众生产和生活用水的需要。

（10）王圈水库现有取水设施的改造建议采用钢管式分层取水方案。当夏季水温分层时，开启第一进水口（高程43 m），并保持其他进水口关闭；枯水年水位较低时，可开启第二进水口（高程39 m）。其他时间，水温不分层，下层水体水质能够达到要求，可关闭分层取水口，采用底部进水。

附录一

水环境监测规范

Regulation for Water Environmental Monitoring

（SL 219—98）

前　言

　　《水质监测规范》SD 127—84修订的主要依据为水利部发布的《水利水电技术标准编写规定》（SL 01—97）和国家技术监督局发布的 GB/T 1.1—1993《标准化工作导则第一单元标准的起草与表述规则第一部分标准编写的基本规定》，以及国际标准化组织 ISO 和国家有关水环境监测的技术标准、规程、规范等。

　　《水环境监测规范》主要包括以下内容：

　　——水质站（网）及采样断面、井、点的布设原则和方法；

　　——地表水、地下水、大气降水、水体沉降物、生物、水污染监测与调查以及实验室质量控制、数据处理与资料整汇编的主要技术内容、要求与指标；

　　——水环境监测采样、样品保存、监测项目与分析方法。

　　对 SD 127—84 进行的修订主要包括以下几个方面：

　　——对规范结构进行了较大调整，并更名为《水环境监测规范》，扩大了适用范围；

　　——将原水质监测改为地表水监测，新增了地下水、大气降水、水体沉降物、生物监测以及水污染监测部分，补充了相应的内容；

　　——原实验室分析质量控制部分增加了有关计量认证的要求，提出了适用于日常分析的质量控制允许差指标；

　　——对原污染源调查部分进行了较大修改，新增了入河排污口监测与调查、水污染事故调查和水污染动态监测内容；

　　——取消了原规范中资料刊印和有关监测管理方面的部分。

1　总　则

1.0.1　依据《中华人民共和国水法》《中华人民共和国水污染防治法》《中华人民共和国河道管理条例》和《取水许可水质管理规定》等法规赋予各级水行政部门统一管理和保护水资源的职责,为保证水利部门水环境监测成果的代表性、可靠性、可比性、系统性和科学性,特制定本规范。

1.0.2　本规范编制的原则是:在全面总结水环境监测工作经验的基础上,根据水利部门水环境监测工作的现状特点和发展要求,既体现技术的先进性,又切实可行。水环境监测应积极采用经过验证的新技术与新方法。

1.0.3　本规范适用于地表水、地下水、大气降水、入河(废)污水的监测与调查,以及水体中沉降物和水生生物监测与调查;不适用于海洋水体。

1.0.4　在水环境监测工作中,除应符合本规范要求外,尚应符合国家现行有关标准规定。

2　监测站网

2.1　一般规定

2.1.1　水质站是进行水环境监测采样和现场测定,定期收集和提供水质、水量等水环境资料的基本单元,可由一个或多个采样断面或采样点组成。

按目的与作用水质站分为基本站和专用站。

①　基本站是为水资源开发、利用与保护提供水质、水量基本资料,并与水文站、雨量站、地下水水位观测井等统一规划设置的站。基本站应保持相对稳定,其监测项目与频次应满足水环境质量评价和水资源开发、利用与保护的基本要求。

②　专用站是为某种特定目的提供服务而设置的站,其采样断面(点)布设、监测项目与频次等视设站目的而定。

2.1.2　按水体类型水质站可分为地表水水质站、地下水水质站与大气降水水质站等。

2.1.3　设置水质站前,应调查并收集本地区有关基本资料,如水质、水量、地质、地理、工业、城市规划布局,主要污染源与入河排污口以及水利工程和水产等,用作设置具代表性水质站的依据。

2.2　水质站布设原则

2.2.1　地表水水质站可分为河流水质站和湖泊(水库)水质站,河流水质站又可分为源头背景水质站、干流水质站和支流水质站。

(1)源头背景水质站应设置在各水系上游,接近源头且未受人为活动影响的河段。

(2)干、支流水质站应设置在下列水域、区域:

①　干流控制河段,包括主要一二级支流汇入处、重要水源地和主要退水区。

②　大中城市河段或主要城市河段和工矿企业集中区。

③　已建或将兴建大型水利设施河段,大型灌区或引水工程渠首处。

④　入海河口水域。

⑤　不同水文地质或植被区、土壤盐碱化区、地方病发病区、地球化学异常区、总矿化

度或总硬度变化率超过 50% 的地区。

（3）湖泊（水库）水质站应按下列原则设置：

① 面积大于 100 km² 的油泊。

② 梯级水库和库容大于 1 亿 m³ 的水库。

③ 具有重要供水、水产养殖、旅游等功能或污染严重的湖泊（水库）。

（4）重要国际河流、湖泊，流入、出行政区界的主要河流、湖泊（水库），以及水环境敏感水域，应布设界河（湖、库）水质站。

2.2.2　地下水水质站应根据本地区水文地质条件及污染源分布状况，与地下水水位观测井相结合设置。

（1）根据地下水分类，不同类型区应分别设置水质站。

（2）根据地下水开采强度分区，不同区应分别设置水质站。

（3）不同水质类别区应分别设置水质站。

2.2.3　降水水质站应根据水文气象、风向、地形、地貌及城市大气污染源分布状况等，与现有雨量观测站相结合设置。下列区域应设置降水水质站。

（1）不同水文气象条件、不同地形与地貌区。

（2）大型城市区与工业集中区。

（3）大型水库、湖泊区。

2.3　水环境监测站网

2.3.1　水环境监测站网是按一定的目的与要求，由适量的各类水质站组成的水环境监测网络。

（1）水环境监测站网可分为地表水、地下水和大气降水三种基本类型。

（2）根据监测目的或服务对象的不同，各类水质站可组成不同类型的专业监测网或专用监测网。

2.3.2　水环境监测站网规划应遵循以下原则：

（1）以流域为单元进行统一规划。

（2）与水文站网、地下水水位观测井网、雨量观测站网相结合。

（3）各行政区站网规划应与流域站网规划相结合。

（4）站网应不断进行优化调整，力求做到多用途、多功能，具有较强的代表性。

2.3.3　流域机构和各省、直辖市、自治区水行政主管部门应根据水环境监测工作的需要，建立、健全本流域、本地区水环境监测站网。

3　地表水监测

3.1　采样断面布设

3.1.1　采样断面布设应符合以下原则：

（1）充分考虑本河段（地区）取水口、排污（退水）口数量和分布及污染物排放状况、水文及河道地形、支流汇入及水工程情况、植被与水土流失情况、其他影响水质及其均匀程度的因素等。

（2）力求以较少的监测断面和测点获取最具代表性的样品,全面、真实、客观地反映该区域水环境质量及污染物的时空分布状况与特征。

（3）避开死水及回水区,选择河段顺直、河岸稳定、水流平缓、无急流湍滩且交通方便处。

（4）尽量与水文断面相结合。

（5）断面位置确定后,应设置固定标志,不得任意变更;需变动时应报原批准单位同意。

3.1.2 河流采样断面按下列方法与要求布设:

（1）城市或工业区河段,应布设对照断面、控制断面和消减断面。

（2）污染严重的河段可根据排污口分布及排污状况,设置若干控制断面,控制的排污量不得小于本河段总量的80%。

（3）本河段内有较大支流汇入时,应在汇合点支流上游处,及充分混合后的干流下游处布设断面。

（4）出入境国际河流、重要省际河流等水环境敏感水域,在出入本行政区界处应布设断面。

（5）水质稳定或污染源对水体无明显影响的河段,可只布设一个控制断面。

（6）河流或水系背景断面可设置在上游接近河流源头处,或未受人类活动明显影响的河段。

（7）水文地质或地球化学异常河段,应在上、下游分别设置断面。

（8）供水水源地、水生生物保护区以及水源型地方病发病区、水土流失严重区应设置断面。

（9）城市主要供水水源地上游1 000 m处应布设断面。

（10）重要河流的入海口应布设断面。

（11）水网地区应按常年主导流向设置断面;有多个叉路时应设置在较大干流上,控制径流量不得少于总径流量的80%。

3.1.3 潮汐河流采样断面布设另应遵守下列要求:

（1）设有防潮闸的河流,在闸的上、下游分别布设断面。

（2）未设防潮闸的潮汐河流,在潮流界以上布设对照断面;潮流界超出本河段范围时,在本河段上游布设对照断面。

（3）在靠近入海口处布设消减断面;入海口在本河段之外时,设在本河段下游处。

（4）控制断面的布设应充分考虑涨、落潮水流变化。

3.1.4 湖泊（水库）采样断面按以下要求设置:

（1）在湖泊（水库）主要出入口、中心区、滞流区、饮用水源地、鱼类产卵区和游览区等应设置断面。

（2）主要排污口汇入处,视其污染物扩散情况在下游100～1 000 m处设置1～5条断面或半断面。

（3）峡谷型水库,应在水库上游、中游、近坝区及库层与主要库湾回水区布设采样断面。

（4）湖泊（水库）无明显功能分区，可采用网格法均匀布设，网格大小依湖、库面积而定。

（5）湖泊（水库）的采样断面应与断面附近水流方向垂直。

（6）主要出入口上、下游和主要排污口下游断面，其采样垂线按表3.2.1规定布设。

（7）湖泊（水库）的中心，滞流区的各断面，可视湖库大小水面宽窄，沿水流方向适当布设1～5条采样垂线。

3.2 采样垂线和采样点布设

3.2.1 河流、湖泊（水库）的采样垂线布设方法与要求：

（1）河流（潮汐河段）采样垂线的布设应符合表3.2.1的规定。

（2）湖泊（水库）采样垂线布设要求：

① 主要出入口上、下游和主要排污口下游断面，其采样垂线按表3.2.1规定布设。

② 湖泊（水库）的中心，滞流区的各断面，可视湖库大小水面宽窄，沿水流方向适当布设1～5条采样垂线。

表3.2.1　江河采样垂线布设

水面宽(m)	采样垂线布设	岸边有污染带	相对范围
<50	1条(中泓处)	如一边有污染带增设1条垂线	
50～100	左、中、右3条	3条	左、右设在距湿岸5～10 m处
100～1 000	左、中、右3条	5条(增加岸边两条)	岸边垂线距湿岸边陲5～10 m处
>1 000	3～5条	7条	

3.2.2 河流、湖泊（水库）的采样点布设要求：

（1）河流采样垂线上采样点布设应符合表3.2.2规定，特殊情况可按河流水深和待测物分布均匀程度确定。

（2）湖泊（水库）采样垂线上采样点的布设要求与河流相同，但出现温度分层现象时，应分别在表温层、斜温层和亚温层布设采样点。

（3）水体封冻时，采样点应布设在冰下水深0.5 m处；水深小于0.5 m时，在1/2水深处采样。

表3.2.2　采样点布设

水深(m)	采样点数	位　置	说　明
<5	1	水面下0.5 m	1. 不足1 m时，取1/2水深。
5～10	2	水面下0.5 m,河底上0.5 m	2. 如沿垂线水质分布均匀，可减少中层水样量。
>10	3	水面下0.5 m,1/2水深,河底以上0.5 m	3. 潮汐河流应设置分层采样点。

3.3 采样

3.3.1 河流、湖泊（水库）采样频次和时间确定的原则与要求。

（1）河流采样频次和时间的确定应符合以下要求：

① 长江、黄河干流和全国重点基本站等,采样频次每年不得少于 12 次,每月中旬采样。

② 一般中小河流基本站采样频次每年不得少于 6 次,丰、平、枯水期各 2 次。

③ 流经城市或工业区污染较为严重的河段,采样频次每年不得少于 12 次,每月采样 1 次。在污染河段有季节差异时,采样频次和时间可按污染季节和非污染季节适当调整,但全年监测不得少于 12 次。

④ 供水水源地等重要水域采样频次每年不得少于 12 次,采样时间根据具体要求确定。

⑤ 潮汐河段和河口采样频次每年不得少于 3 次,按丰、平、枯三期进行,每次采样应在当月大汛或小汛日采高平潮与低平潮水样各一个;全潮分析的水样采集时间可从第一个落憩到出现涨憩,每隔 1~2 h 采一个水样,周而复始直到全潮结束。

⑥ 河流水系的背景断面每年采样 3 次,丰、平、枯水期各 1 次,交通不便处可酌情减少,但不得少于每年一次。

(2)湖泊(水库)采样频率和时间的确定应符合以下要求:

① 设有全国重点基本站或具有向城市供水功能的湖泊(水库),每月采样一次,全年 12 次。

② 一般湖泊(水库)水质站全年采样 3 次,丰、平、枯水期各一次。

③ 污染严重的湖泊(水库),全年采样不得少于 6 次,隔月一次。

(3)同一河流(湖泊、水库)应力求水质、水量及时间同步采样,

(4)在河流、湖泊(水库)最枯水位和封冻期,应适当增加采样频次。

(5)专用站的采样频次与时间视具体要求而定。

3.3.2 采样器和贮样容器的选择与使用要求。

(1)采样器应有足够强度,且使用灵活、方便可靠,与水样接触部分应采用惰性材料,如不锈钢、聚四氟乙烯等制成。采样器在使用前,应先用洗涤剂洗去油污,用自来水冲净,再用 10% 盐酸洗刷,自来水冲净后备用。根据当地实际情况,可选用以下类型的水质采样器:

① 直立式采样器。适用于水流平缓的河流、湖泊、水库的水样采集。

② 横式采样器。与铅鱼联用,用于山区水深流急的河流水样采集。

③ 有机玻璃采水器。由桶体、带轴的两个半圆上盖和活动底板等组成,主要用于水生生物样品的采集,也适用于除细菌指标与油类以外水质样品的采集。

④ 自动采样器。利用定时关启的电动采样泵抽取水样,或利用进水面与表层水面的水位差产生的压力采样,或可随流速变化自动按比例采样等。此类采样器适用于采集时间或空间混合积分样,但不适宜于油类、pH、溶解氧,电导率、水温等项目的测定。

(2)贮样容器材质应符合以下要求:

① 容器材质应化学稳定性好,不会溶出待测组份,且在贮存期内不会与水样发生物理化学反应。

② 对光敏性组分,应具有遮光作用。

③ 用于微生物检验用的容器能耐受高温灭菌。

（3）贮样容器选择与使用要求：

① 测定有机及生物项目的贮样容器应选用硬质（硼硅）玻璃容器。

② 测定金属、放射性及其他无机项目的贮样容器可选用高密度聚乙烯或硬质（硼硅）玻璃容器。

③ 测定溶解氧及生化需氧量（BOD_5）应使用专用贮样容器。

④ 容器在使用前应根据监测项目和分析方法的要求，采用相应的洗涤方法洗涤。

3.3.3　根据实际情况，可选用自动或人工采样方式与方法采集样品

（1）采样方法与适用范围：

① 定流量采样。当累积水流流量达到某一设定值时，脉冲触发采样器采集水样。

② 流速比例采样。（可采集与流速成正比例的水样）适用于流量与污染物浓度变化较大的水样采集。

③ 时间积分采样。适用于采集一定时段内的混合水样。

④ 深度积分采样。适用于采集沿采样垂线不同深度的混合水样。

（2）采样方式与适用范围：

① 涉水采样。适用于水深较浅的水体。

② 桥梁采样。适用于有桥梁的采样断面。

③ 船只采样。适用于水体较深的河流、水库、湖泊。

④ 缆道采样。适用于山区流速较快的河流。

⑤ 冰上采样。适用于北方冬季冰冻河流、湖泊和水库。

（3）在水流较急的河流中采样，采样器应与适当重量的铅鱼与绞车配合使用。

3.3.4　样品采集、质量控制样品制备与现场测定。

（1）样品采集应符合下列要求：

① 水质采样应在自然水流状态下进行，不应扰动水流与底部沉积物，以保证样品代表性。

② 采样地点和时间应符合要求。

③ 采样人员应经过专门训练。

④ 采样时必须注意安全。

（2）采样时应注意以下事项：

① 水样采集量视监测项目及采用的分析方法所需水样量及备用量而定。

② 采样时，采样器口部应面对水流方向。用船只采样时，船首应逆向水流，采样在船舷前部逆流进行，以避免船体污染水样。

③ 除细菌、油等测定用水样外，容器在装入水样前，应先用该采样点水样冲洗三次。装入水样后，应按要求加入相应的保存剂后摇匀，并及时填写水样标签。

④ 测定溶解氧与生化需氧量（BOD_5）的水样采集时应避免曝气，水样应充满容器，避免接触空气。

⑤ 因采样器容积有限，需多次采样时，可将各次采集的水样放入洗净的大容器中，混匀后分装，但本法不适用于溶解氧及细菌等易变项目测定。

⑥ 采样时应做好现场采样记录，填好水样送检单，核对瓶签。

（3）质量控制样品数量应为水样总数的 10%～20%，每批水样不得少于两个。

质量控制样品可用下法制备：

① 现场空白样。在采样现场以纯水，按样品采集步骤装瓶，与水样同样处理，以掌握采样过程中环境与操作条件对监测结果的影响。

② 现场平行样。现场采集平行水样，用于反映采样与测定分析的精密度状况，采集时应注意控制采样操作条件一致。

③ 加标样。取一组现场平行样，在其中一份中加入一定量的被测物标准溶液。然后两份水样均按常规方法处理后，送实验室分析。

（4）下列参数应在采样现场采用相应方法测定：

① 水温。温度计法。

② pH。pH 计法。

③ 溶解氧。容量法或膜电极法。

④ 电导率。电导仪法。

⑤ 透明度。塞氏盘法。

⑥ 水的颜色、嗅及感官性状。现场描述记录。

⑦ 流速。流速仪法。

3.3.5 水样保存与运送要求：

（1）水样保存应符合表 3.3.5 要求，超过保存期的样品按废样处理。

（2）加入的保存剂不应对监测项目测定产生干扰。

（3）水样容器内盖应盖紧，并采用防震措施，有条件者可用冷藏箱运送；运输时应避免阳光直射、冰冻和剧烈震动。

（4）水样应尽快送交实验室，核查水样无误后，送接双方在送样单上签字。

表 3.3.5　常用样品保存技术

待测项目		容器类别	保存方法	分析地点	可保存时间	建　议
A 物理、 化学 分析	叶绿素 a	P 或 G	2～5℃下冷藏，过滤后冷冻滤渣	分析室	24 h	
					1 个月	
	汞	P、BG		分析室	2 周	保存方法取决于分析方法
	镉　可过滤镉	P 或 BG	在现场过滤，硝酸酸化滤液至 pH＜2	分析室	1 个月	滤渣用于测定不可过滤镉，滤液用于该项测定
	镉　总镉	P 或 BG	硝酸酸化至 pH＜2	分析室	1 个月	取均匀样品消解后测定
	铜	P 或 G	见镉			
	铜	P 或 BG	见镉			酸化时不能使用 H_2SO_4
	锰	P 或 BG	见镉			
	锌	P 或 BG	见镉			

	待测项目	容器类别	保存方法	分析地点	可保存时间	建 议
A 物理、化学分析	总铬	P 或 G	酸化使 pH < 2	分析室	尽快	不得使用磨口及内壁已磨毛的容器,以避免对铬的吸附
	六价铬	P 或 G	用 NaOH 调节使 pH = 7～9			
	钙	P 或 BG	过滤后将滤液酸化至 pH < 2	分析室	数月	酸化时不要用 H_2SO_4,酸化的样品可同时用于测其他金属
	总硬度	P 或 BG	见钙			
	镁	P 或 BG	见钙			
	氟化物	P		分析室	中性样品可保存数月	
	氯化物	P 或 G		分析室	数月	
	总磷	BG	用 H_2SO_4 酸化至 pH < 2	分析室	数月	
	硒	G 或 BG	用 NaOH 调节至 pH > 11	分析室	数月	
	硫酸盐	P 或 G	于 2～5 ℃冷藏	分析室	一周	
B 微生物分析	细菌总数	灭菌容器 G	2～5 ℃冷藏	分析室	尽快(地面水、污水及饮用水)	取氯化或溴化过的水样时,所用的样品瓶中应先加入(消毒前加入)硫代硫酸钠[一般 每 125 mL 样品加入 0.1 mL 10 %(w/w)硫代硫酸钠溶液],以消除氯或溴对细菌的抑制作用。对重金属含量高于 0.01 mg/L 的水样,应在容器消毒之前,按每 125 ml 容积加入 0.3 mL 的 15%(w/w) EDTA 溶液
	大肠菌总数					
	粪大肠菌					
	粪链球菌					
	沙门氏菌等					
C 生物学分析	鉴定和计数:(1)底栖类无脊椎动物 ——大样品 ——小样品(如参考样品)	P 或 G	加入 70 %(v/v)乙醇或加入 40 %(v/v)的中性甲醛(用硼酸钠调节)使水样成为含 2%～5%(v/v)的溶液	分析室	1 年	应先倒出样品中的水以使防腐剂的浓度最大
			转入防腐溶液,含 70 %(v/v)乙醇、40 %(v/v)甲醛和甘油,其三者比例为 100 + 2 + 1			当心甲醛蒸气!工作地点不应大量存放

续表

待测项目		容器类别	保存方法	分析地点	可保存时间	建 议
C 生物学分析	(2)浮游植物 浮游动物	G	1份体积样品加入100份卢戈耳溶液:每升用150克碘化钾、100克碘、18 mL乙酸 $\rho=1.04$ g/mL,配成水溶液,存放在冷暗处 加40%(v/v)甲醛,使成4%(v/v)的福尔马林或加卢戈耳溶液	分析室	1年	若发生脱色,则应加更多的卢戈耳溶液
	湿重和干重: (1)底栖大型无脊椎动物 (2)大型植物 (3)浮游植物 (4)浮游动物 (5)鱼		于2～5 ℃冷藏	现场或分析室	24 h	尽快分析
	灰份重量: (1)底栖大型无脊椎动物 (2)大型植物 (3)悬垂植物 (4)浮游植物	P或G	过滤后冷藏于2～5 ℃ −20 ℃保存 −20 ℃保存 过滤并冷藏,−20 ℃保存	分析室	6个月	
	热值测定: (1)浮游植物 (2)浮游动物	P或G	过滤后于2～50 ℃冷藏,保存于干燥器皿中	分析室	24 h	尽快分析

注:P—聚乙烯;G—玻璃;BG—硼硅玻璃。

3.4 监测项目与分析方法

3.4.1 监测项目的选择应符合以下原则:

(1)国家与行业水环境与水资源质量标准或评价标准中已列入的项目。

(2)国家及行业正式颁布的标准分析方法中列入的监测项目。

(3)反映本地区水体中主要污染物的监测项目。

(4)专用站应依据监测目的选择监测项目。

3.4.2 监测项目可分为必测与选测项目两类。

(1)河流(湖、库)等地表水全国重点基本站监测项目应符合表 3.4.2 必测项目要求,同时也应根据不同功能水域污染物的特征,增加表 3.4.2 中某些选测项目。

表 3.4.2   地表水监测项目

	必测项目	选测项目
河流	水温、pH、悬浮物、总硬度、电导率、溶解氧、高锰酸盐指数、五日生化需氧量、氨氮、硝酸盐氮、亚硝酸盐氮、挥发酚、氰化物、氟化物、硫酸盐、氯化物、六价铬、总汞、总砷、镉、铅、铜、大肠菌群	硫化物、矿化度、非离子氨、凯氏氮、总磷、化学需氧量、溶解性铁、总锰、总锌、硒、石油类、阴离子表面活性剂、有机氯农药、苯并(α)芘、丙烯醛、苯类、总有机碳等
饮用水源地	水温、pH、悬浮物、总硬度、电导率、溶解氧、高锰酸盐指数、五日生化需氧量、氨氮、硝酸盐氮、亚硝酸盐氮、挥发酚、氰化物、氟化物、硫酸盐、氯化物、六价铬、总汞、总砷、镉、铅、铜、大肠菌群、细菌总数	铁、锰、铜、锌、硒、银、浑浊度、化学需氧量、阴离子表面活性剂、六六六、滴滴涕、苯并(α)芘、总α放射性、总β放射性等
湖泊水库	水温、pH、悬浮物、总硬度、透明度、总磷、总氮、溶解氧、高锰酸盐指数、五日生化需氧量、氨氮、硝酸盐氮、亚硝酸盐氮、挥发酚、氰化物、氟化物、六价铬、总汞、总砷、镉、铅、铜、叶绿素a	钾、钠、锌、硫酸盐、氯化物、电导率、溶解性总固体、侵蚀性二氧化碳、游离二氧化碳、总碱度、碳酸盐、重碳酸盐、大肠菌群等

（2）潮汐河流潮流界内、入海河口及港湾水域应增测总氮、无机磷和氯化物。

（3）重金属和微量有机污染物等可参照国际、国内有关标准选测。

（4）若水体中挥发酚、总氰化物、总砷、六价铬、总汞等主要污染物连续三年未检出时，附近又无污染源，可将监测采样频次减为每年一次，在枯水期进行。一旦检出后，仍应按原规定执行。

3.4.3 分析方法的选用应根据样品类型、污染物含量以及方法适用范围等确定。

（1）分析方法的选择应符合以下原则：

① 国家或行业标准分析方法。

② 等效或参照使用 ISO 分析方法或其他国际公认的分析以类聚方法。

③ 经过验证的新方法，其精密度、灵敏度和准确度不得低于常规方法。

（2）地表水监测项目分析方法见表 3.4.3。

（3）潮汐河流水样中盐度如大于3，应按海水分析方法测定。

3.4.4 各监测项目的分析应在其规定保存时间内完成。全部水样的分析一般应在收到水样后 10 日内完成。

表 3.4.3   地表水监测项目分析方法

序号	参数	测定方法	检测范围（mg/L）	注释	分析方法来源
1	水温	水温计测量法	$-6 \sim +40 \ ℃$		GB 13195—91
2	pH值	玻璃电极法	$0 \sim 14$		GB 6920—86
3	硫酸盐	硫酸钡重量法	10以上	结果以 SO_4^{2-} 计	GB 5750—85
		铬酸钠分光光度法	$5 \sim 200$		
		硫酸钠比浊法	$1 \sim 40$		
4	氯化物	硝酸银容量法	10以上	结果以 Cl^- 计	GB 5750—85
		硝酸汞容量法	可测至 10 以下		

续表

序号	参数	测定方法		检测范围 （mg/L）	注释	分析方法来源
5	总铁	二氮杂菲分光光度法		检出下限 0.05	测定水体中溶解态、胶体态、悬浮颗粒以及生物体中的总铁量	GB 5750—85
		原子吸收分光光度法		检出下限 0.3		
6	总锰	高碘酸钾分光光度法		检出下限 0.02		GB 11906—89
		原子吸收分光光度法		检出下限 0.01		GB 11911—89
7	总铜	原子吸收分光光度法	直接法	0.05～5	未过滤的样品经消解,测定溶解态和悬浮态总铜量	GB 7475—87
			螯合萃取法	0.001～0.05		GB 7474—87
		二乙基二硫代氨基甲酸钠(铜试剂)分光光度法		检出下限 0.003 （3 cm 比色皿）		GB 7473—87
				0.02～0.70 （1 cm 比色皿）		
		2.9-二甲基-1,10-二氮杂菲(新铜试剂)分光光度法		0.006～3		
8	总锌	双硫腙分光光度法		0.005～0.05	经消化处理后测得的水样中总锌量	GB 7472—87
		原子吸收分光光度法		0.05～1		GB 7475—87
9	硝酸盐	酚二磺酸分光光度法		0.02～1	硝酸盐含量过高时,应稀释后测定。结果以氮(N)计	GB 7480—87
10	亚硝酸盐	分光光度法		0.003～0.20	采样后应尽快分析。结果以氮(N)计	GB 7493—87
11	非离子氨	纳氏试剂分光光度法 水杨酸分光光度法		0.05～2 （分光光度法）	测得结果系以氮(N)计的氨氮浓度,然后再根据 GB3838-88 附表,换算为非离子氨浓度	GB 7479—87
				0.20～2（目视法）		
				0.01～1		GB 7481—87
12	凯氏氮	硒催化矿化法		检出下限 0.5 （1 cm 比色皿）	样品处理后用纳氏分光光度法,测得值为氨氮与有机氮之总和,结果以氮(N)计	GB 11891—89
13	总磷	钼酸铵分光光度法		0.01～0.6	未过滤水样经消化处理后测得的溶解的和悬浮的总磷量(以 P 计)	GB 11893—89
14	高锰酸盐指数	酸性高锰酸钾法		0.5～4.5	氯离子浓度大于 300 mg/L 时采用碱性高锰酸钾法	GB 11892—89
		碱性高锰酸钾法		0.5～4.5		
15	溶解氧	碘量法		0.2～20	碘量法测定溶解氧有各种修正法,测定时应根据干扰情况具体选用	GB 7489—87
16	化学需氧量	重铬酸盐法		30～700		GB 11914—89

序　号	参　数	测定方法		检测范围 （mg/L）	注释	分析方法来源
17	生化需氧量	稀释与接种法		2～6 000		GB 7488—87
18	氟化物	氟试剂分光光度法		0.50～1.8	结果以 F⁻ 计	GB 7482—87
		茜素磺酸分光光度法		0.50～2.5		
		离子选择性电极法		0.50～1 900		GB 7484—87
19	硒（四价）	二氨基联苯胺分光光度法		检出下限 0.01		GB 5750—85
		荧光分光光度法		检出下限 0.001		
20	总　砷	二乙基二硫代氨基甲酸银分光光度法		0.007～0.5	测得为单体形态、无机或有机物中元素砷的总量	GB 7485—87
21	总　汞	冷原子吸收分光光度法	高锰酸钾—过硫酸钾消毒法	检出下限 0.000 1（最佳条件 0.000 05）	包括无机或有机结合的、可溶的和悬浮的全部汞	GB 7468—87
			溴酸钾—溴化钾消毒法			
22	总　镉	原子吸收分光光度法（螯和萃取法）		0.001～0.05	经酸消解处理后，测得水样中的总镉量	GB 7475—87
		双硫腙分光光度法		0.001～0.05		GB 7471—87
23	铬（六价）	二苯碳酰二肼分光光度法		0.004～1.0		GB 7467—87
24	总　铅	原子吸收分光光度法	直接法	0.2～10	经酸消解处理后，测得水样中的总铅量	GB 7475—87
			螯合萃取法	0.01～0.2		
25	总氰化物	异烟酸—吡唑啉酮分光光度法		0.004～0.25	包括全部简单氰化物和绝大部分络合氰化物，不包括钴氰络合物	GB 7486—87
		吡啶—巴比妥酸分光光度法		0.002～0.45		
26	挥发酚	蒸馏后—氨基安替比林分光光度法（氯仿萃取法）		0.002～6		GB 7486—87
27	石油法	紫外分光光度法		0.05～50		SL 93.2—94
28	阴离子表面活性剂	亚甲蓝分光光度法		0.05～2.0	本法测得为活性物质（MBAS），结果以 LAS 计	GB 7494—87
29	总大肠菌群	多管发酵法				GB 5750—85
		滤膜法				
30	苯并[α]芘	纸层析—荧光分光光度法		2.5 μg/L		GB 5750—85

4 地下水监测

4.1 采样井布设

4.1.1 地下水采样井布设应遵循下列原则：

（1）全面掌握地下水水资源质量状况，对地下水污染进行监视、控制。

（2）根据地下水类型分区与开采强度分区，以主要开采层为主布设，兼顾深层和自流地下水。

（3）尽量与现有地下水水位观测井网相结合。

（4）采样井布设密度为主要供水区密，一般地区稀；城区密，农村稀；污染严重区密，非污染区稀。

（5）不同水质特征的地下水区域应布设采样井。

（6）专用站按监测目的与要求布设。

4.1.2 地下水采样井布设方法与要求：

（1）在布设地下水采样井之前，应收集本地区有关资料，包括区域自然水文地质单元特征、地下水补给条件、地下水流向及开发利用、污染源及污水排放特征、城镇及工业区分布、土地利用与水利工程状况等。

（2）在下列地区应布设采样井：

① 以地下水为主要供水水源的地区。

② 饮水型地方病（如高氟病）高发地区。

③ 污水灌溉区，垃圾堆积处理场地区及地下水回灌区。

④ 污染严重区域。

（3）平原（含盆地）地区地下水采样井布设密度一般为 1 眼 /200 km²，重要水源地或污染严重地区可适当加密；沙漠区、山丘区、岩溶山区等可根据需要，选择典型代表区布设采样井。

（4）采样井布设方法与要求如下：

① 一般水资源质量监测及污染控制井根据区域水文地质单元状况，视地下水主要补给来源，可在垂直地下水流的上方向，设置一个至数个背景值监测井。

② 根据本地区地下水流向及污染源分布状况，采用网格法或放射法布设。

③ 根据表 4.1.2 中产生地下水污染的活动类型与分布特征，采用网格法或放射法布设。

（5）多级深度井应沿不同深度布设数个采样点。

表 4.1.2 地下水污染来源与分布类型

生产地下水污染的活动类型		污染负荷的特征		
		分布类型	污染主要类型	污染指标
城市区	无下水设施的任意排污(a)	u/r P-D	nfos	NO_2^-, NH_4^+, Fc(S)
	河道渗漏(a)	U P-L	ofns	NO_3^-, NH_4^+, Fc(S)
	生活污水氧化塘渗漏(a)	u/r P	nfos	NO_3^-, DOC, CI, Fc(S)

续表

生产地下水污染的活动类型		污染负荷的特征		
		分布类型	污染主要类型	污染指标
城市区	生活污水直接排向地面(a)	u/r P-D	niofs	NO_3^-, CI, DOC
	废弃物处置不当引起的渗漏	u/r P	oihs	NO_3^-, NH_4^+, DOC, CI, B, VOC
	燃料储蓄罐泄漏	u/r P-D	o	Hc, DOC
	高速公路旁的排水沟渗漏	u/r P-D	iso	CI, VOC
工业区	储罐或管道的渗漏(b)	u P-D	osh	变化较广(Hc, VOC, DOC)
	事故性泄漏	u P-D	osh	变化变化较广(Hc, VOC, DOC)
	废水处理池泄漏	u P	oshi	变化变化较广(VOC, DOC, CI^-)
	废水的地面	u P-L	oshi	变化较广(DOC, CI^-)
	排放排向入渗河流	u P-L	oshi	变化较广(DOC)
	残碴堆积场的下渗	u/r P	osih	变化较广(DOC, VOC, C^-)
	排水沟的下渗	u/r P	osh	变化较广(DOC, Hc)
	大气降落物	u/r D	sio	SO_4^{2-}
农业污染区	土地耕殖　使用农业化学品并具有灌溉设施	r D	nos	NO_3^-
	土地耕殖　使用垃圾/淤泥耕殖	r D	nois	NO_3^-, CI^-
	土地耕殖　用污水灌溉	r D	noifs	NO_3^-, CI^-, Fc(s)
	家禽喂养污水等　排水氧化塘	r P	fon	DOC, NO_3^-, CI^-
	家禽喂养污水等　排向地面	r P-L	niof	DOC, NO_3^-, CI^-
	家禽喂养污水等　排入入渗河	r P-L	onf	DOC
采选矿区	污水直接排向地面	u/r P-D	hi	变化较广
	污水/淤泥处理氧化塘下渗	u/r P	hi	变化较广
	残渣堆积场的下渗	u/r P-D	hi	变化较广

注:(a)—可能包括有工业活动的成分;N—营养性化合物;

（b）—在非工业区也可能出现;VOC—挥发性有机碳；U/r—城市/乡村；F—粪病菌源;P、L、D—点源、线源、扩散源；O—微量有机物；DOC—可溶性有机碳；i—无机物；B—苯；S—盐度；Hc—烃；H—重金属；Fc(s)—大肠杆菌(粪链球菌)

4.2 采样

4.2.1 采样器与贮样容器要求如下：

（1）采样器材质与贮样容器要求同地表水 3.3.2。

（2）地下水水质采样器分为自动式与人工式,自动式用电动泵进行采样,人工式分活塞式与隔膜式,可按要求选用。

（3）采样器在测井中应能准确定位,并能取到足够量的代表性水样。

4.2.2 采样方法与要求：

（1）采样时采样器放下与提升时动作要轻,避免搅动井水及底部沉积物。

（2）用机井泵采样时,应待管道中的积水排净后再采样。

（3）自流地下水样品应在水流流出处或水流汇集处采集。

（4）水样采集量应满足监测项目与分析方法所需量及备用量要求。

4.2.3 地下水采样质量控制要求同地表水监测 3.3.4。

4.2.4 采样时间与频次应符合以下要求：

（1）背景井点每年采样一次。

（2）全国重点基本站每年采样二次,丰、枯水期各一次。

（3）地下水污染严重的控制井,每季度采样一次。

（4）在以地下水作生活饮用水源的地区每月采样一次。

（5）专用监测井按设置目的与要求确定。

4.2.5 样品保存方法与要求同地表水监测 3.3.5。

4.3 监测项目与分析方法

4.3.1 监测项目选择应符合下列原则：

（1）反映本地区地下水主要水质污染状况。

（2）满足地下水质量评价与保护要求。

（3）按本地区地下水功能用途选择。

（4）矿区或地球化学高背景区,可根据矿物成份、丰度来选测。

（5）专用站按监测目的与要求选择。

4.3.2 地下水水质监测项目要求如下：

（1）全国重点基本站应符合表 4.3.2 中必测项目要求,并根据地下水用途选测有关监测项目。

表 4.3.2 地下水监测项目表

必测项目	选测项目
pH、总硬度、溶解性总固体、氯化物、氟化物、硫酸盐、氨氮、硝酸盐氮、亚硝酸盐氮、高锰酸盐指数、挥发性酚、氰化物、砷、汞、六价铬、铅、铁、锰、大肠菌群	色、嗅和味、浑浊度、肉眼可见物、铜、锌、钼、钴、阴离子合成洗涤剂、碘化物、硒、铍、钡、镍、六六六、滴滴涕、细菌总数、总 α 放射性、总 β 放射性

（2）源性地方病源流行地区应另增测碘、钼等项目。

（3）工业用水应另增测侵蚀性二氧化碳,磷酸盐、总可溶性固体等项目。

（4）沿海地区应另增测碘等项目。

（5）矿泉水应另增测硒、锶、偏硅酸等项目。

（6）农村地下水,可选测有机氯、有机磷农药及凯氏氮等项目;有机污染严重区域可按表 4.1.2 选择苯系物、烃类、挥发性有机碳和可溶性有机碳等项目。

4.3.3 分析方法的选择应符合以下原则：

（1）地下水分析方法的选择同地表水 3.4.3。

（2）分析方法应符合相应标准要求。

（3）可选用 ISO 国际标准和其他等效分析方法。

5 大气降水监测

5.1 采样点布设

5.1.1 大气降水采样点布设应符合以下原则:

(1)根据本地区气象、水文、植被、地貌等自然条件,以及城市、工业布局、大气污染源位置与排污强度等布设。

(2)污染严重区密,非污染区稀。

(3)与现有雨量观测站相结合进行规划。

5.1.2 采样点布设应符合以下要求:

(1)在采样点四周(25 m×25 m)无遮挡雨、雪、风的高大树木或建筑物,并考虑风向(顺风、背风)、地形等因素,避开大气中酸碱物质和粉尘的主要污染源及主要交通污染源。

(2)在本地区盛行风上风向一侧,设置一个背景对照采样点。

(3)50 万以上人口的城市,按区各设一个采样点;50 万以下人口的城市设两个采样点。

(4)库容在 1 亿 m³ 以上或水面面积在 50 km² 以上的水库、湖、泊,根据水面大小,设置 1～3 个采样点。

(5)尽量与现有雨量站相结合,按现有雨量站的 1%～3% 进行布设。

(6)专用站采样点布设按监测目的与要求设置。

5.1.3 采样点布设可选用以下方法:

(1)网格法。网格大小应根据当地自然环境条件、待测区域污染状况等确定。

(2)放射式法。以掌握污染状况、分布范围的变化规律为重点,按布设方式可分为同心圆布点法和扇形布点法。

5.2 采样

5.2.1 采样器可分为降雨和降雪两种类型,容器由聚乙烯、搪瓷和玻璃材质制成。聚乙烯适用于无机项目监测分析,搪瓷和玻璃适用于有机项目。

(1)降雨采样器。按采样方式可分为人工采样器和自动采样器,前者为上口直径 40 cm 的聚乙烯桶,后者带有湿度传感器,降水时自动打开,降水停后自动关闭。

(2)降雪采样器。可使用上口直径大于 60 cm 的聚乙烯桶或洁净聚乙烯塑料布平铺在水泥地或桌面上进行。用塑料布取样时,只取中间 15 cm×15 cm 范围内雪样,装入采样桶内,在室温下融化。

5.2.2 采样要求与注意事项:

(1)降水出现有其偶然性,且降水水质随降水历时而变化,应特别注意采样代表性。

(2)降雨采样时,采样器应距地面相对高度 1.2 m 以上,以避免样品玷污。

(3)样品量应满足监测项目与采用的分析方法所需水样量以及备用量的要求。

(4)采样过程中应避免干沉降物污染样品。

(5)采样时应记录降水类型、降水量、气温、风向、风速、风力、降水起止时间等。

5.2.3 采样时间应符合下列要求:

(1)降水水样在降水初期采集,特别是干旱后的第一次降水。

（2）不同季节盛行风向不同时,需在不同季节采样。

（3）当降水量在非汛期大于 5 mm;汛期大于 10 mm;雪大于 2 mm 时采样。

5.2.4 采样频次的确定应符合以下规定:

（1）全国重点基本站每年采样 4 次,每季度各一次。

（2）大气污染严重地区每年 12 次,每月一次。

（3）专用站按监测目的与要求确定。

5.2.5 采样质量控制与要求:

（1）采样器具在使用前,用 10%（V/V）HCl 浸泡 24 h 后,再用纯水洗净。

（2）降水采样质量控制同地表水监测 3.3.4。

（3）样品采集后,尽快过滤（0.45 μm）,再于 4 ℃下保存。

（4）测试电导率、pH 的样品不需过滤;应先进行电导率测定,然后再测定 pH 值。

5.2.6 样品保存应符合表 5.2.6 要求。

表 5.2.6　降水样品保存及分析方法

检测项目	容　器	保存方法	保存期限	分析方法
电导率	p	4 ℃,冷藏	尽快测定	电极法
pH	p	4 ℃,冷藏	尽快测定	电极法
NO_2^-	p	4 ℃,冷藏	尽快测定	离子色谱法;盐酸萘己二胺比色法
NO_3^-	p	4 ℃,冷藏	尽快测定	离子色谱法;紫外比色法
NH_4^+	p	4 ℃,冷藏	尽快测定	离子色谱法;纳氏比色法
Cl^-	p	4 ℃,冷藏	一个月	离子色谱法;氟试剂比色法
SO_4^{2-}	p	4 ℃,冷藏	一个月	离子色谱法;硫氰酸汞比色法
K^+	p	4 ℃,冷藏	一个月	离子色谱法;铬酸钡比色法
Na^+	p	4 ℃,冷藏	一个月	原子吸收分光光度法
Ca^{2+}	p	4 ℃,冷藏	一个月	原子吸收分光光度法
Mg^{2+}	p	4 ℃,冷藏	一个月	原子吸收分光光度法

注:P—聚乙烯。

5.3　监测项目与分析方法

5.3.1 监测项目的选择应遵守以下原则:

（1）全国重点基本站监测项目要求应符合表 5.2.6。

（2）专用站按监测目的与要求确定。

（3）选测项目按本地区降水水质特征选择。

5.3.2 分析方法应符合国家、行业现行有关标准或相关国际标准要求。

6　水体沉陷物监测

6.1　采样点布设

6.1.1 水体沉降物采样点应根据本地区、河段的土壤背景状况和污染源及主要污染

物种类等情况布设,并应符合以下原则:

（1）根据监测目的与水体水力学特征（如河道地形、水流流态等）及功能要求,能反映监测区域沉降物的基本特征。

（2）与现有地表水监测采样垂线相结合。

（3）专用站采样点按监测目的与要求布设。

6.1.2 采样点布设方法与要求:

（1）在本江（河）段上游应设置背景采样断面（点）。

（2）采样断面应选择在水流平缓、冲刷作用较弱的地方,采样点按两岸近岸与中泓布设,近岸采样点距湿岸 2～10 m。如因砾等采集不到样品,可略作移动,但应作好记录。

（3）布设排污口区采样点时,可在上游 50 m 处设对照采样点,并应避开污水洄流的影响;在排污口下 50～1 000 m 处布设若干采样断面（或半断面）或采样点,亦可按放射式布设。

（4）湖泊、水库采样点布设应与湖泊、水库水质采样垂线一致。

（5）柱状样品采样点应设置在河段沉积较均匀,代表性较好处。

6.2 采样

6.2.1 沉降物采样器分为沉积物和悬浮物采样器,采样器材质强度高、耐磨及耐蚀性良好。

（1）沉积物采样器可根据河床的软硬程度,选用以下类型:

① 挖式、锥式或抓式沉积物采样器,水流流速大时需与铅鱼配用。

② 管式沉积物采样器,用于柱状样品采集。

③ 水深小于 1.5 m 时,亦可选用削有斜面的竹竿采样。

（2）悬浮物采样器同水质采样器。

6.2.2 沉降物样品采集应符合以下要求:

（1）采样前,采样器应用水样冲洗,采样时应避免搅动底部沉积物。

（2）为保证样品代表性,在同一采样点可采样 2～3 次,然后混匀。

（3）样品采集后应沥去水份,除去石块、树枝等杂物。供无机物分析的样品可放置于塑料瓶（袋）中;供有机污染物分析的样品应置于棕色广口玻璃瓶中,瓶盖应内衬洁净铝箔或聚四氟乙烯薄膜。

（4）沉积物采样量为 0.5～1.0 kg（湿重）,悬浮物采样量为 0.5～5.0 g（干重）,监测项目多时应酌情增加。

（5）沉降物样品的采集应与水质采样同步进行。

6.2.3 采样频次与时间应符合以下要求:

（1）全国重点基本站。沉积物样品每年应采样一次,在枯水期进行;悬移质样品可不定期进行,通常在丰水期采集。

（2）专用站。视监测目的与要求确定。

6.3 样品保存与预处理

6.3.1 沉降物样品保存应符合以下要求:

（1）沉积物样品采集后，于 $-20\ ℃\sim-40\ ℃$ 冷冻保存，并在样品保存期内测试完毕。

（2）悬浮物采用 $0.45\ \mu m$ 滤膜过滤或离心等方法将水分离后保存。

（3）样品保存应符合表 6.3.1 要求。

表 6.3.1　沉降物样品保存与要求

测定项目	容器	样品保存方法与要求
颗粒度	P、G	小于 40 ℃，保存期 6 个月，样品在分析前严禁冷冻和烘干处理
总固体，水分	P、G	冷冻保存，保存期 6 个月
总挥发性固体	P、G	冷冻保存，保存期 6 个月
总有机碳	P、G	冷冻保存，保存期 6 个月，室温融解
生化需氧量	P、G	尽快分析（40 ℃下可保存 7 天，分析前升温到 200 ℃）
化学需氧量	P、G	尽快分析（40 ℃下可保存 7 天）
油　脂	P、G	尽快分析（80 g（湿样）/1 mL 浓 HCl，40 ℃下密封保存，保存期 28 天）
硫化物	P、G	尽快分析（80 g（湿样）/2 mL1 mol/L 醋酸锌并摇匀，于 40 ℃下避光密封保存，保存期 7 天）
重金属	P、G	于 $-200\ ℃$ 下，保存期为 6 个月（汞为 30 天）
有机污染物	G	尽快萃取或 40 ℃下避光保存至萃取，可萃取有机物在萃取后 40 天内分析，挥发性有机物保存期 14 天

注 P—塑料；G—玻璃。

6.3.2　沉降物样品制备包括样品干燥、粉碎、过筛和缩分等步骤。

（1）根据测试对象，样品干燥可选用下列方法之一：

① 真空冷冻干燥。适用于对热、空气不稳定的组分。

② 自然风干。适用于较稳定组分。

③ 恒温干燥（105 ℃）适用于稳定组分。

（2）沉降物样品干燥脱水后，按下列程序制备样品：

① 剔除石块、贝壳、杂草等杂质，平摊在有机玻璃板上，剔除明显的砾石与动植物残体，反复碾压过 20 目筛，至筛上不含泥土为止。

② 测定金属的样品应用玛瑙粉碎器皿研磨至全部样品通过 80～200 目筛（视测定项目要求而定）。

③ 筛下样品应采用四分法缩分，得到所需量的沉降物样品装入棕色广口瓶中，贴上标签后供测试用或冷冻保存。

（3）样品制备应注意以下事项

① 测定金属项目的样品应使用尼龙网筛；测有机污染物样应使用不锈钢网筛。

② 测定汞、砷、硫化物等项目样品宜采用人工方法碎样，并且过 80 目筛。

③ 采用湿样测定不稳定组分时，应同时制备两份样品，其中一份用于含水量测定。

6.4　监测项目与分析方法

6.4.1　监测项目与分析方法的选择应符合下列原则：

（1）能反映监测区域或河段沉降物基本特征。

（2）全国沉降物评价统一要求的监测项目。

（3）矿区或土壤地球化学高背景区监测项目，按矿物成分、丰度及土壤背景选测。

（4）分析方法采用国家、行业现行有关标准或相关国际标准。

6.4.2 监测项目与分析方法的选用应符合下列要求：

（1）基本站应符合表 6.4.2 中必测项目要求；水库、湖泊沉降物除必测项目外，另应加测总氮、总磷。

表 6.4.2　水体沉降物监测项目与分析方法

必测项目	样品消解与测定方法
总　镉	盐酸—硝酸—高氯酸或盐酸—硝酸—氢氟酸—高氯酸消解 （1）萃取—火焰原子吸收分光光度法测定 （2）石墨炉原子吸收法测定
总　汞	硝酸—硫酸—五氧化二钒或硝酸—高锰酸钾消解冷原子吸收法测定
总　砷	（1）硫酸—硝酸—高氯酸消解，二乙基二硫代氨基甲酸银分光光度法 （2）盐酸—硝酸—高氯酸消解，硼氢化钾—硝酸银分光光度法
总　铜	盐酸—硝酸—高氯酸或盐酸—硝酸—氢氟酸—高氯酸消解火焰原子吸收法测定
总　铅	盐酸—硝酸—氢氟酸—高氯酸消解 （1）萃取—火焰原子吸收法测定 （2）石墨炉原子吸收法测定
总　铬	盐酸—硝酸—氢氟酸消解 （1）高锰酸钾氧化，二苯碳酰二肼光度法 （2）加氯化铵溶液，火焰原子吸收法
总　锌	盐酸—硝酸—高氯酸（或盐酸—硝酸—氢氟酸—高氯酸）消解火焰原子吸收法
总　镍	盐酸—硝酸—高氯酸（或盐酸—硝酸—氢氟酸—高氯酸）消解火焰原子吸收法
六六六、滴滴涕	丙酮—石油醚提取，浓硫酸净化，气相色谱法（电子捕获检测器）
pH	玻璃电极法（土∶水＝1.0∶2.5）
阳离子交换量	乙酸铵法等

（2）选测项目可根据当地实际情况，选测颜色、氧化还原电位、嗅、氰化物、硫化物、酚类化合物、泥沙颗粒级配、底质需氧量（SOD）、有机质、多环芳烃、三氯乙醛、多氯联苯、氯酚类、有机硫农药、除草剂、有机氯农药、有机磷农药。

（3）根据监测目的，还可选用不同的样品预处理方法，测定样品中不同的金属形态和可提取金属含量。

（4）专用站监测项目的与要求确定。

7　生物监测

7.1 采样垂线（点）布设

7.1.1 生物监测的采样垂线（点）布设应遵循下列原则：

（1）按各类水生生物生长与分布特点，布设采样垂线（点），并与水质监测采样垂线尽可能一致。

（2）在激流与缓流水域、城市河段、纳污水域、水源保护区、潮汐河流潮间带等代表性水域,应布设采样垂线(点)。

（3）在湖泊(水库)的进出口、岸边水域、开阔水域、汉湾水域、纳污水域等代表性水域,应布设采样垂线(点)。

（4）根据实地查勘或预调查掌握的信息,确定各代表性水域采样垂线(点)布设的密度与数量。

7.1.2　浮游生物、微生物采样点布设应符合以下要求:

（1）当水深小于 3 m、水体混合均匀、透光可达到水底层时,在水面下 0.5 m 布设一个采样点。

（2）当水深在 3～10 m,水体混合较为均匀、透光不能达到水层时,分别在水面下和底层上 0.5 m 处各布设一个采样点。

（3）当水深大于 10 m,在透光层或温跃层以上的水层,分别在水面下 0.5 m 和最大透光深度处各布设一个采样点,另在水底上 0.5 m 处布设一个采样点。

（4）为了解和掌握水体中浮游生物、微生物垂向分布,可每隔 1.0 m 水深布设一个采样点。

7.1.3　对底栖动物、着生生物和水生维管束植物,每条采样垂线设一个采样点。

7.1.4　采集鱼样时,应按鱼的摄食和栖息特点,如:肉食性、杂食和草食性,表层和底层等在监测水域范围内采集。

7.2　监测频次

7.2.1　全国重点基本站监测频次应符合以下要求:

（1）生物群落监测周期为 3～5 年一次,在周期监测年度内,监测频次为每季度一次。

（2）水体卫生学项目(如:细菌总数、总大肠菌群数、粪性大肠菌群数和粪链球菌数)与水质项目的监测频率相同。

（3）水体初级生产力监测每年不得少于二次。

（4）生物体污染物残留量监测每年一次。

7.2.2　基本站可不定期对本地区主要排污口进行污水毒性生物测试。

7.2.3　专用站监测频率按监测要求与目的确定。

7.3　采样时间

7.3.1　同一类群的生物样品采集时间(季节、月份)应尽量保持一致。浮游生物样品的采集时间以 8:00～10:00 时为宜。

7.3.2　除特殊情况之外,生物体污染物残留量测定的生物样品应在秋、冬季采集。

7.3.3　进行生物毒性试验的污水样品应在排污口排放的有毒污染物浓度最高时采集。

7.4　样品采集与保存

7.4.1　浮游生物样品采集应符合以下要求:

（1）定性样品采集(浮游植物、原生动物和轮虫等)采用 25 号浮游生物网(网孔0.064 mm)或 PFU（聚氨酯泡沫塑料块)法;枝角类和桡足类等浮游动物采用 13 号浮游生物网(网孔 0.112 mm),在表层中拖滤 1～3 min。

（2）定量样品采集,在静水和缓慢流动水体中采用玻璃采样器或改良式北原采样器(如有机玻璃采样器)采集;在流速较大的河流中,采用横式采样器,并与铅鱼配合使用,采水量为 1～2 L,若浮游生物量很低时,应酌情增加采水量。

（3）浮游生物样品采集后,除进行活体观测外,一般按水样体积加 1% 的鲁哥氏溶液固定,静置沉淀后,倾去上层清水,将样品装入样品瓶中。

7.4.2　着生生物采样方法可分为天然基质法和人工基质法,具体采样方法与要求如下:

（1）天然基质法。利用一定的采样工具,采集生长在水中的天然石块、木桩等天然基质上的着生生物。

（2）人工基质法。将玻片、硅藻计和 PFU 等人工基质放置于一定水层中,时间不得少于 14 天,然后取出人工基质,采集基质上的着生生物。

（3）用天然基质法和人工基质法采集样品时,应准确测量采样基质的面积。

（4）采集的着生生物样品,除进行活体观测外,按 7.4.1 中 3 的操作方法、浓缩样品。

7.4.3　底栖大型无脊椎动物采样方法与要求如下:

（1）定量样品可用开口面积一定的采泥器采集,如彼得逊采泥器(采样面积为 1/16 m^2)或用铁丝编织的直径为 18 cm、高 20 cm 圆柱型铁丝笼,笼网孔径为 5±1 cm^2、底部铺 40 目尼龙筛绢,内装规格尽量一致的卵石,将笼置于采样垂线的水底中,14 天后取出。从底泥中和卵石上挑出底栖动物。

（2）定性样品可用三角拖网在水底拖拉一段距离,或用手抄网在岸边与浅水处采集。以 40 目分样筛,挑出底栖动物样品。

7.4.4　水生维管束植物样品的采集应符合以下要求:

（1）定量样品用面积为 0.25 m^2、网孔 3.3 cm×3.3 cm 的水草定量夹采集。

（2）定性样品用水草采集夹、采样网和耙子采集。

（3）采集样品后,去掉泥土、粘附的水生动物等,按类别晾干、存放。

7.4.5　鱼类样品采用渔具捕捞。采集后应尽快进行种类鉴定,残毒分析样品应尽快取样分析,或冷冻保存。

7.4.6　微生物样品的采集应符合以下要求:

（1）采样用玻璃样品瓶在 160 ℃～170 ℃烘箱中干燥灭菌或 121 ℃高压蒸气灭菌锅中灭菌 15 min;塑料样品瓶用 0.5% 过氧乙酸灭菌备用。

（2）用专用采样器采样时,将样品瓶固定于采集装置上,放入水中,到达预定深度后,打开瓶塞,待水样装满后,盖上瓶塞,再将采样装置提出水面。

表7.5　水生生物监测项目与分析方法

监测项目	分析方法	备　注
1. 生物群落组成(必测项目)		
（1）浮游植物种类与数量	显微鉴定计数法	鉴定到属
（2）着生生物种类与数量	显微鉴定计数法	鉴定到属
（3）浮游动物种类与数量	显微鉴定计数法	鉴定到属

监测项目	分析方法	备注
（4）底栖动物种类与数量	采泥器法、鉴定法	鉴定到种
	人工基质法、鉴定计数	鉴定到种
（5）水生维管束植物种类与数量	样方法	鉴定到种
（6）鱼群种类与数量	渔获物分类统计法	测量鱼龄、体重、体长
2. 水体卫生项目		
（7）细菌总数	平板法	见地表水监测
（8）总大肠菌群	多管发酵法和滤膜法	见地表水监测
（9）粪性大肠菌	多管发酵法和滤膜法	选测项目
（10）粪性链球菌	多管发酵法和滤膜法	选测项目
3. 水生生物现存量（选测项目）		
（11）浮游植物生物量	重量法	
	显微测量计算法	
	叶绿素测定法	
（12）浮游动物生物量	重量法	
	显微测量计算法	
（13）底栖动物生物量	重量法	
4. 水体生产力（选测项目）		
（14）水体初级生产力的测定	黑白瓶测氧法	现场测量
	放射性同位素 ^{14}C 法	
5. 生物体污染物残留量（选测项目）		
（15）铅、铜、镉、铬等重金属元素	原子吸收光光度法	分析的生物材料都必须经过预处理和前处理,制成待测溶液后,才能分析
（16）总汞	冷原子吸收法	
（17）总砷	比色法	
（18）总氰化物	蒸馏—比色法	
（19）挥发酚	蒸馏—比色法	
（20）有机农药类	气相色谱法	
（21）多环芳烃类（PAHs）	液相色谱法	
（22）多氯联苯类（PCBs）	气相色谱法	
6. 污水毒性生物测试（选测项目）		
（23）急性毒性试验	发光细菌法	
	藻类和类 24 hEC 50 或 LC 50 试验法	
	鱼类 96 hLC 50 试验法	
（24）慢性毒性试验	鱼类慢性毒性试验法	

监测项目	分析方法	备　注
（25）污水致突变试验	艾姆斯（Ames）试验	
	紫露草花粉母细胞微核试验	
	松滋青皮蚕豆根尖微核试验	
	鱼外周红血球微核试验	现场采样、涂片、镜检

（3）表层水样徒手采集时,用手握住样品瓶底部,将瓶迅速浸入水面下 10～15 cm 处,然后将瓶口转向水流方向,待水样充满至瓶体积 2/3 时,在水中加上瓶盖,取出水面。

7.4.7 样品保存方法应符合表 7.4.7 所列之要求。

表 7.4.7　生物样品保存方法

样品类别	待测项目	样品容器	保存方法	保存时间	备　注
浮游植物（藻类）	定性鉴定	P 或 G	水样中加入 1%（v/v）鲁哥氏液固定	1 年	需长期保存样品,可按每 100 mL 水样加 4 mL 福尔马林
	定量计数				
浮游动物（原生动物、轮虫）	定性鉴定	P 或 G	水样中约加入 1%（v/v）鲁哥氏液固定	1 年	需长期保存样品,可按每 100 mL 水样加 4 mL 福尔马林
	定量计数				
	活体鉴定	G	最好不加保存剂,有时可加适当麻醉剂（普鲁卡因等）	现场观察	
浮游动物（枝角类、桡足类）	定性鉴定	P 或 G	100 mL 水样约加 4～5 mL 福尔马林固定后保存	1 年	若要长期保存,在 40 h 后,换用 70% 乙醇保存
	定量计数				
底栖无脊椎动物	定性鉴定	P 或 G	样品在 70% 乙醇或 5% 福尔马林溶液中固定保存	1 年	样品最好先在低浓度固定液中固定,逐次升高固定液浓度,最后保存在 70% 乙醇或 5% 福尔马林中
	定量计数				
鱼　类	定性鉴定	P 或 G	将样品用 10% 福尔马林保存	数月	现场鉴定计数
	定量计数				
水生维管束植物	定性鉴定	P	晾干		将定性鉴定的样品尽快晾干,干燥后作为污染物残留分析样品
	污染物分析				
底栖无脊椎动物、鱼类	污染物分析	P 或 G	−20 ℃		尽快完成分析
浮游生物	污染物分析	P 或 G	过滤后,在 −20 ℃		
藻　类	叶绿素 a	P 或 G	2～5 ℃,每升水样加 1 mL 1% $MgCO_3$ 溶液	24 h	立即分析
废　水	毒性测试	P 或 G	密封 1～4 ℃	数小时	应尽快测试
浮游植物	初级生产力	G	不允许加入保存剂		取样后,尽快试验

续表

样品类别	待测项目	样品容器	保存方法	保存时间	备 注
微生物	细菌总数、总大肠菌群数、粪性大肠菌数、粪链球菌数	灭菌玻璃瓶	1～4 ℃	<6 h	最好在采样后 2 h 内完成接种，并进行培养。如水样含有余氯或重金属含量高，可按 500 mL 样品瓶分别加入 0.3 mL 10% 硫代硫酸钠溶液或 1 mL 15% EDTA 溶液

8 水污染监测与调查

8.1 入河排污口监测与调查

8.1.1 各级水环境监测中心在开展入河(湖、库)排污口监测与调查时，应符合下列要求：

(1) 开展入河排污口监测前应进行必要的现场查勘和社会调查，以确定入河排污口的数量、分布、污水的流向、排放方式和排规律以及排污单位。

(2) 根据污水性质和来源，将入河排污口排出的污废水分为以下类型：

① 工业废水。

② 生活污水。

③ 医院污水。

④ 工业废水和生活污水合流的混合污水。

⑤ 城市污水处理出厂水。

(3) 进行入河排污口监测时，应同步测定污废水和主要污染物质的排放量。

(4) 所监测的各入河排污口排放量之和应占本河段或本区域入河排污总量的 80% 以上。

(5) 重点河段和易发生重大水污染事故河段上的主要排污口监视性监测频次与时间，由流域或省级水环境监测中心确定；一般监测频次每年不得少于二次。

(6) 在对排污口污水进行测量和采集样品时，必须注意安全，加强对有毒有害、放射性物质和热污染的防护。

8.1.2 污水流量的测定方法与要求。

(1) 根据不同的入河排污口和具体条件，可选择下列方法之一。

① 流速仪法。根据水深和流速大小选用合适的流速仪。使用流速仪测量时，一般采用一点法。如废污水水面较宽时，应设置测流断面。仪器放入相对水深的位置，可根据水深和流速仪悬吊方式确定，测量时间不得少于 100 s。

② 浮标法。适用于底壁平滑，长度不小于 10 m，无弯曲，有一定液面高度的排污渠道。

③ 三角形薄壁堰。堰口角为 90° 的三角形薄壁堰，为废污水测量中最常用的测流设备。适用于水头(H)在 0.05～0.035 m 之间，流量 Q 小于或等于 0.1 m³/s，堰高(P)大于 $2H$ 时的污水流量的测定。

④ 矩形薄壁堰。适用于较大污水流量的测定。

⑥ 容积法。适用于废水量小于每分钟 1 m³ 的排污口。测量时用秒表测定污废水充

满容器所需的时间。容器容积的选择应使水充满容器的时间不少于 10 s,重复测量数次,取平均值。

（2）采用流速仪、浮标、薄壁堰测量污水排放量时,测验环境条件、技术要求和精度等应符合现行国家和行业有关标准的规定。

（3）施测排污口入河污水量的前三天应无明显降水。

8.1.3　污废水量的计算方法与要求。

（1）在某一时间间隔内,入河排污口的污废水排放量按下式计算:

$$Q=VAT \tag{8.1.3-1}$$

式中,Q——污废水排放量,t/d;　V——污废水平均流速,m/s;

　　　A——过水断面面积,m^2;　t——日排污时间 s。

（2）装有污水流量计的排污口,排放量从仪器上读取。

（3）经水泵抽取排放的活水量,由水泵额定流量与开泵时间计算。

（4）在无法采用有关方法测量污水量时,可根据以下经验计算公式,推算排放量:

$$Q=q\omega k \tag{8.1.3-2}$$

式中,Q——污废水排放量,t/d;　q——单位产品废水排放量;

　　　t/单位产品 ω——产品日产量;　k——污废水入河量系数。

（5）对有地表或地下径流影响的排污口,在计算排污量时,应予以合理扣除。

8.1.4　污水量测量频次应符合以下要求:

（1）连续排放的排污口,每隔6～8 h测量一次,连续施测三天。

（2）间歇排放的排污口,每隔2～4 h测量一次,连续施测一天。

（3）季节性排放的排污口,应调查了解排污周期和排放规律,在排放期间,每隔6～8 h测量一次,连续施测三天。

（4）脉冲型排放的排污口,每隔2 h测量一次,连续施测三天。

（5）排污口发生事故性排污时,每隔1 h施测一次,延续时间可视具体情况而定。

（6）对污水排放稳定或有明显排放规律的排污口,可适当降低测量频次。

（7）潮汐河段应根据污水排放规律及潮汐周期确定测量频率。

8.1.5　入河排污口采样点布设要求如下:

（1）采样点可选择在排污沟（渠）平直、水流稳定、水质均匀的部位,但应避免纳污河道水流的影响。

（2）有涵闸或泵站控制的排污口,在积蓄污水的池塘、洼地内设置采样点。

（3）城市污水处理厂的进出水口应设采样点。

8.1.6　采样器和样品容器要求如下:

（1）污水样品采集可选用聚乙烯塑料桶、有机玻璃采水器、泵式采水器、自动采水器等采样工具。

（2）样品容器用硬质玻璃和聚乙烯塑料等具塞（带盖）瓶、桶,不应使用橡胶塞和软木塞。

8.1.7　采样方法与要求如下:

（1）在排污暗管（渠）落水口处采样,可直接用采样桶采集。

（2）排污沟（渠）水深小于 1 m,应在 1/2 水深处采样;水深大于 1 m,应在 1/4 水深处采样。

（3）采样时应避免搅动底部沉积物，防止异物进入采样器。

8.1.8 监测项目的选择应根据表8.1.8污水类型确定；所选用的分析方法应符合国家和行业有关标准的规定。

表 8.1.8　污水监测项目表

污水类型	监测项目
工业废水	pH、色度、悬浮物、化学需氧量（CODcr）、五日生化需氧量（BOD₅）、挥发酚、氰化物以及相应行业排放标准中规定的监测项目
生活污水	化学需氧量（CODcr）、五日生化需氧量（BOD₅）、悬浮物、氨氮、总磷、阴离子表面活性剂、细菌总数、总大肠菌群
医院污水	pH、色度、余氯、化学需氧量（CODcr）、五日生化需氧量（BOD₅）、悬浮物、致病菌、细菌总数、总大肠菌群
城市污水处理厂出厂污水和市政公共下水道污水	pH、色度、悬浮物、化学需氧量（CODcr）、五日生化需氧量（BOD₅）、氨氮，与工业污水合流的市政下水道混合污水应增加有关工业废水监测项目

8.1.9 污水监测要求如下：

（1）现场测试项目和易变项目，应及时测定。

（2）稳定项目可将日采集的污水样品混合后测定，也可逐次测定，取日平均值。

（3）应认真填写污水样品送检单。

8.2　污染源调查

8.2.1 污废水直接排入河道等水域的工业污染源应调查以下内容：

（1）企业名称、厂址、企业性质、生产规模、产品、产量、生产水平等。

（2）工艺流程、工艺原理、工艺水平、能源和原材料种类及分、消耗量。

（3）供水类型、水源、供水量、水的重复利用率。

（4）生产布局、污水排放系统和排放规律、主要污染物种类，排放浓度和排放量、排污口位置和控制方式以及污水处理工艺及设施运行状况。

8.2.2 城镇生活污染源应调查以下内容：

（1）城镇人口、居民区布局和用水量。

（2）医院分布和医疗用水量。

（3）城市污水处理厂设施、日处理能力及运行状况。

（4）城市下水道管网分布状况。

（5）生活垃圾处置状况。

8.2.3 农业污染源应调查以下内容：

（1）农药的品种、品名、有效成分、含量、使用方法、使用量和使用年限及农作物品种等。

（2）化肥的使用品种、数量和方式。

（3）其他农业废弃物。

8.2.4 调查方法与要求如下：

（1）各级水环境监测中心应对辖区内直接污染河道（湖、库）水域的点和非点污染源，通过资料搜集、访问、现场查勘核实等形式进行调查。

（2）填写附录A中表A.2～表A.4，并将调查到的资料，以市（县）为单位统计整理、绘制图表、整编、建档，并报上一级水环境监测中心备案。

（3）为掌握污染源的变化状况，污染源调查每5年进行一次，新增与扩建污染源应及时调查上报。

8.3   水污染事故调查

8.3.1 水污染事故调查内容如下：

（1）一般水污染事故应调查发生的时间、水域、污染物数量、人员受害和经济损失情况。

（2）重大水污染事故应调查事故发生的原因、过程、采取的应急措施、处理结果、事故直接、潜在或间接的危害、社会影响、遗留问题和防范措施等。

8.3.2 水污染事故调查方式与要求：

（1）一般水污染事故由当地水环境监测中心协同有关部门进行调查。

（2）跨地、市和重大水污染事故由省水环境监测中心协同有关部门进行调查或经授权由省级水环境监测中心组织调查。

（3）跨省河流和重要江、河干流发生水污染事故由流域水环境监测中心组织调查。

（4）对污染事故可能影响的水域，应组织实施监视性监测。

（5）对大污水团集中下泄造成的污染事故，当地水环境监测中心应跟踪调查和监测。

8.3.3 发生水污染事故后，当地水环境监测中心应尽快向有关主管部门和上一级水环境监测中心报告。对重大水污染事故，应有调查报告。

8.4   水污染动态监测

8.4.1 水污染动态监测任务、方式与要求：

（1）动态监测是在常规水质监测的基础上，根据各河道污染的主要水质指标，分河段按不同水情和污染状况，采取不同的监测次，对河道水污染进行跟踪性或监视性监测，以确定污染的影响范围与程度。

（2）动态监测可采取河段（闸坝）定点监测和干支流河道、上下游间追踪监测相结合；河道水量水质同步监测和入河排污口水量水质同步监测相结合；现场测定和室内测定相结合等监测方式。

（3）动态监测的任务是及时掌握河道水量水质变化，对大量高浓度污废水的排入、积蓄和下泄，有毒物质大量泄漏或翻沉，以及易出现水质恶化或突发性水污染事故提出预警，为当地政府和有关单位制定或采取防治应急措施提供依据。

8.4.2 水污染动态监测采样点布设原则：

（1）枯水期易发生水质严重恶化，会危及沿岸城市供水安全的河段。

（2）受严重污染的主要河流出入境处。

（3）受严重污染的主要支流入干流河口处。

（4）有大量污废水积蓄的闸坝。

（5）其他重要控制河段。

8.4.3 有下列情况，应进行动态监测。

（1）发生人畜饮用水中毒。

（2）水体受到严重污染，河道（湖、库）出现大面积死鱼。

（3）有大量高浓度污废水入境。

（4）有大量高浓度污水蓄积的水闸运行前后，或在运行中泄量有大的改变。

（5）发生污水坝跨坝、有毒物质大量泄漏。

（6）因水质污染使城市生活、生产正常供水受到影响。

8.4.4 监测要求与信息传递应符合以下原则。

（1）流域和省级水环境监测中心可根据辖区内河道的实际情况，因地制宜地组织实施水污染动态监测。

（2）重要江、河干流和有水污染等水事纠纷的跨省界河流动态监测由流域水环境监测中心负责，其他河流由省级或地市级水环境监测中心负责。

（3）水污染动态监测信息可利用现有水利系统水文报汛设施或其他通讯工具等迅速、准确传递。

（4）各动态水质站点的水质、水量监测信息应及时向上级水环境监测中心传报；上游水质站点应向下游水质站点或有关单位传报。

（5）各级水环境监测中心可根据监测结果，编制或发布水质公报、简报。

9 实验室质量控制

9.1 一般规定

9.1.1 实验室质量控制包括实验室内与实验室间质量控制，前者是实验室内部对分析质量进行控制的过程，后者是上级监测机构通过发放考核样品等方式，对实验室报出合格分析结果的综合能力，数据的可比性与系统误差作出评价的过程。

9.1.2 各实验室应采用各种有效的质量控制方式进行内部质量控制与管理，并贯串于监测活动的全过程。

9.1.3 水环境监测实验室应符合国家计量认证的要求，具备下列条件：

（1）健全的组织体系、质量保证体系和实验室管理制度。

（2）能满足测试要求的实验室环境。

（3）能满足监测分析要求的仪器设备。

（4）采用国家及行业的标准或等效采用国际标准。

（5）经考核合格，持证上岗的分析人员。

（6）有能准确传递量值的标准参考物质。

9.1.4 各实验室应采用标准物质定期检查和消除系统误差。

9.2 实验室内质量控制基础工作

9.2.1 分析测试仪器安放应符合仪器使用要求，避免阳光直射，保持清洁、干燥，防止腐蚀、震动,使用时应严格执行操作规程。测试用仪器、量器应进行定期维护与检定。

(1)分析天平应定期检定,以保证其准确性;天平的不等臂性、砝码与灵敏性应符合检定规程要求。

(2)新启用的分析仪器与玻璃量器,应按国家有关计量检定规程进行检定,合格后方可使用。

(3)分析测试仪器经维修、更换主要部件等之后,应重新进行检校。

9.2.2 根据测试工作的不同要求,实验室分析用纯水应符合以下要求。

(1)制备标准水样或超痕量分析用纯水,电导率(25 ℃)/小于等于 0.1 μS/cm。

(2)精密分析和研究工作用纯水,电导率(25 ℃)小于等于 1.0 μS/cm。

(3)一般分析工作用纯水,电导率(25 ℃)小于等于 5.0 μS/cm。

(4)特殊要求的分析用水如:无氨水、无酚水、无氯水、无二氧化碳水等特殊分析用水除电导率满足上述要求以外,还应按规定方法制备,经检验合格后方可使用。

9.2.3 化学试剂的使用与标准溶液配制要求。

(1)根据测试要求,确定使用化学试剂的等级,基准溶液和标准溶液应使用基准级试剂或高纯试剂配制,否则应进行标定。

(2)标准溶液配制与要求:

① 配制标准溶液用纯水的电导率等指标应符合要求。

② 采用精称法配制标准溶液,应至少分别称取并配制 2 份,其测定信号值的相对误差不得大于 2%。

③ 采用基准溶液标定标准溶液时,平行标定不得少于 3 份,标定液用量应在 20～50 mL 之间,标定结果取平均值。

④ 贮备液的配制与使用应符合分析方法的规定。

⑤ 标准工作溶液应在临用前配制

9.2.4 校准曲线是描述待测物质浓度或量与检测仪器响应或指示量之间的定量关系曲线,它包括"工作曲线"(标准溶液处理程序及分析步骤与样品完全相同)和"标准曲线"(标准溶液处理程序较样品有所省略,如样品预处理)。

(1)校准曲线制作与要求如下:

① 在测量范围内,配制的标准溶液系列,已知浓度点不得小于 6 个(含浓度),根据浓度值与响应值绘制校准曲线,必要时还应考虑基体影响。

② 校准曲线绘制应与批样测定同时进行。

③ 在消除系统误差之后,校准曲线可用最小二乘法对测试结果进行处理后绘制。

④ 校准曲线的相关系数(γ)绝对值一般应大于或等于 0.999,否则需从分析方法、仪器、量器及操作等因素查找原因,改进后重新制作。

⑤ 使用校准曲线时,应选用曲线的直线部分和最佳测量范围,不得任意外延。

(2)回归校准曲线应进行以下统计检验:

① 回归校准曲线的精密度检验。

② 回归校准曲线的截距检验。

③ 回归校准曲线的斜率检验。

9.3　实验室内质量控制基础实验

9.3.1　空白试验,指使用同一分析方法,以分析用纯水进行与样品测定完全相同的试验。通过对空白试验值及其分散程度的分析,判断分析人员的测试技术水平、实验室环境及仪器设备性能等是否符合检测要求。具体试验步骤如下:

重复测定空白值不少于6天,每天一批二个,按式(9.3.1)计算得到批内标准差$S_{\omega b}$,可用于估算分析方法最低检测限。

$$S_{\omega b} = \frac{\sum x^2 - \dfrac{1}{n}\sum X^2}{m(n-1)}$$

式中,$S_{\omega b}$——批内标准差;

$\quad n$——每批测定个数;

$\quad m$——批数;

$\quad x$——单个测定值;

$\quad X$——每批测定值之和。

9.3.2　检测限(L),是指一特定分析方法在给定的置信水平(一般为95%)下,试样一次测定值与空白值有统计学意义的显著性差异时所对应的试样中待测物最小浓度或最小量。

(1)当空白测定数少于20次时,检测限(L)按下式计算:

$$L = 2\sqrt{2}\, t_f S_{ab} \quad (n < 20)$$

式中 L——方法最低检出限;

$\quad t_f$——显著水平为0.05(单侧),自由度为F时的T值;

$\quad f$——批内自由度,等于$m(N-1)$;

$\quad M$为批数,n为每批测定个数;

$\quad S_{\omega b}$——空白平行测定(批内)标准差。

(2)当空白测定数大于20次时,检测限按下式计算:

$$L = 4.6 S_{\omega b} \tag{9.3.2-2}$$

(3)原子吸收分光光度法、气相色谱法等检测限按有关规定确定。

(4)检测限测试状况的判别:

①L小于等于标准分析方法所规定的检测限,证明测试状况良好;

②L大于标准分析方法所规定的检测限,表明空白试验不合格,应找出原因并加以改正,直至上小于或等于检测限后,试验才能继续进行。

9.3.3　精密度偏性试验,通过对影响分析测定的各种变异因素及回收率的全面分析,确定实验室测试结果的精密度和准确度。本试验适用于分析人员上岗和新方法应用前的考核。

(1)精密度偏性试验内容:对下列五种溶液每日一次测定平行样,共测6日。

①空白溶液(试验用纯水)。

②0.1c标准溶液(c为检测上限浓度)。

③ $0.9c$ 标准溶液。

④ 天然水样(含一定浓度待测物之代表性水样)。

⑤ 加标天然水样,即在天然水样中加入一定量待测物,使其总浓度为 $0.5c$ 左右,临用前配制。

(2)精密度偏性试验结果与评价:

① 由空白试验值计算空白批内标准差,估计分析方法的检测限。

② 比较各组溶液的批内变异与批间变异,检验变异差异的显著性。

③ 比较天然水样与标准溶液测定结果的标准差,判断天然水样中是否存在影响测定精密度的干扰因素。

④ 比较加标样品的回收率,判断天然样品中是否存在改变分析准确度的组分和偏性。

9.4 分析质量控制方法与要求

9.4.1 质量控制图法。常用的质量控制图有均值—标准差控制图(X—S 图)、均值—极差控制图(X—R 及图)、加标回收控制图(p—控制图)和空白值控制图(Xb—Sb 图)等。质量控制图绘制与判断如下:

(1)逐日分析质量控制样品达 20 次以上后,计算统计值。绘制中心线,上、下控制线、上、下警告线和上、下辅助线,按测定次序将相对应的各统计值在图上植点,用直线连接各点即成质量控制图。

(2)落于上、下辅助线范围内的点数若小于50%,则表明此图不可靠;连续七点落于中心线一侧则表明存在系统误差;连续七点递升或递降则表明质量异常,凡属上述情况之一者应立即中止实验,查明原因,重新制作质量控制图。

(3)在日常分析时,质量控制样品与被测样品同时进行分析,然后将质量控制样品测试结果标于图中,判断分析过程是否处于控制状态。

9.4.2 平行双样法。平行双样分析包括密码平行双样分析,它反映测试结果的精密度。

(1)测定率要求:每批测试样品随机抽取 10%～20% 的样品(或密码平行样)进行平行双样测定。若样品数量较少时,应增加平行样测定比例。

(2)允许差:可根据表 9.4.2 允许差进行评定并统计合格数;未列入该表者,可参照所用分析方法规定的允许差值进行判断。

9.4.3 加标回收率实验加标样(包括密码加标样)检验在一定程度上能反映测试结果的准确度。在实际应用时应注意加标物质的形态、加标量和样品基等。

(1)测定率要求。每批测试样品应随机抽取 10%～20% 的样品进行加标实验测试。

(2)允许差。根据表 9.4.2 进行允许差评定并统计合格数。

表 9.4.2　水样测定值的精密度和准确度允许差

编　号	项　目	样品含量范围(mg/L)	精密度(%)		准确度(%)			适用的监测分析方法
			室内(d_i/℃)	室间(d_i/℃)	加标回收率	室内相对误差	室间相对误差	
1	水　温	—	$d_i=0.05C$	—	—	—	—	水温计测量法

续表

编号	项目	样品含量范围（mg/L）	精密度（%） 室内（d_i/℃）	精密度（%） 室间（d_i/℃）	准确度（%） 加标回收率	准确度（%） 室内相对误差	准确度（%） 室间相对误差	适用的监测分析方法
2	pH 值	1～14	$d_i=0.5$ 单位	$D_i=0.1$ 单位	—	—	4	玻璃电极法
3	硫酸盐＜＜	1～10	≤15	≤20	90～110	≤±10	≤±15	离子色谱法、铬酸钡光度法
		10～100	≤10	≤15	90～110	≤±8	≤±10	EDTA 容量法、离子色谱法、铬酸钡光度法
		＞100	≤5	≤10	95～105	≤±5	≤±5	EDTA 容量法、硫酸钡重量法
4	氯化物	1～50	≤10	≤15	90～110	≤±10	≤±15	离子色谱法、硝酸汞容量法
		50～250	≤8	≤10	90～110	≤±5	≤±10	硝酸银容量法、硝酸汞容量法
		＞250	≤5	≤5	95～105	≤±5	≤±5	
5	铁	＜0.3	≤15	≤20	85～115	≤±15	≤±20	原子吸收法、1,10-二氮杂菲分光法
		0.3～1.0	≤15	≤20	90～110	≤±10	≤±15	
		＞1.0	≤5	≤10	95～105	≤±5	≤±10	原子吸收法、EDTA 容量法
6	总锰	＜0.1	≤15	≤20	85～115	≤±10	≤±15	原子吸收法、石墨炉原子吸收法
		0.1～1.0	≤10	≤15	90～110	≤±5	≤±10	原子吸收法、二乙氨基二硫代甲酸钠萃取光度法
		＞1.0	≤5	≤10	95～105	≤±5	≤±10	原子吸收法、2,9—二甲基—1,10—菲罗啉光度法
7	硝酸盐氮	＜0.5	≤15	≤20	85～115	≤±15	≤±15	离子色谱法、酚二磺酸比色法、紫外线光度法
		0.5～4	≤10	≤15	90～110	≤±10	≤±10	离子色谱法、酚二磺酸分光光度法
		＞4	≤5	≤10	95～105	≤±5	≤±10	
8	锌	＜0.05	≤15	≤20	85～115	≤±10	≤±15	石墨炉原子吸收法、双硫腙分光光度法
		＜0.05	≤15	≤20	85～115	≤±10	≤±15	原子吸收法
		＞1.0	≤5	≤10	95～105	≤±5	≤±10	
9	氨氮	0.02～0.1	≤15	≤20	90～110	≤±10	≤±15	纳氏试剂光度法、水杨酸一次氯酸盐光度法
		0.1～1.0	≤10	≤15	95～105	≤±5	≤±10	
		＞1.0	≤5	≤10	95～105	≤±5	≤±10	蒸馏滴定法

编号	项目	样品含量范围（mg/L）	精密度（%）		准确度（%）			适用的监测分析方法
			室内（$d_i/℃$）	室间（$d_i/℃$）	加标回收率	室内相对误差	室间相对误差	
10	亚硝酸盐氮	<0.05	≤15	≤20	85～115	≤±10	≤±15	N-（1-萘基）-乙二胺光度法、离子色谱法
		0.05～0.2	≤10	≤15	90～110	≤±7	≤±10	
		>0.2	≤8	≤10	95～105	≤±7	≤±10	
11	总磷	<0.025	≤15	≤20	85～115	≤±10	≤±15	离子色谱法、钼酸铵光度法
		0.025～0.6	≤10	≤15	90～110	≤±8	≤±10	
		>0.6	≤5	≤8	95～105	≤±5	≤±5	离子色谱法
12	高锰酸盐指数	<2.0	≤10	≤15	—	≤±10	≤±15	酸性法、碱性法
		>2.0	≤8	≤10	—	≤±8	≤±10	
13	化学需氧量（COD）	5～50	≤15	≤20	—	≤±10	≤±15	重铬酸钾法
		50～100	≤10	≤15	—	≤±8	≤±10	
		>100	≤5	≤10	—	≤±5	≤±8	
14	五日生化需氧量（BOD_5）	<3	≤15	≤20	—	≤±15	≤±20	稀释法（20±1C）
		3～100	≤10	≤15	—	≤±10	≤±15	
		>100	≤5	≤10	—	≤±5	≤±10	
15	氟化物	<1.0	≤10	≤15	90～110	≤±8	≤±10	离子色谱法、离子选择性电极法、氟试剂光度法
		>1.0	≤5	≤10	95～105	≤±5	≤±5	
16	砷	<0.05	≤20	≤25	85～115	≤±15	≤±15	硼氢化钾—硝酸银光度法、Ag.DDC光度法
		>0.05	≤10	≤15	90～110	≤±10	≤±10	Ag.DDC光度法
17	汞	<0.001	≤20	≤25	85～115	≤±15	≤±20	冷原子吸收法
		0.001～0.005	≤15	≤20	90～110	≤±10	≤±15	
		>0.005	≤10	≤15	90～110	≤±10	≤±15	冷原子吸收法、双硫腙光度法
18	镉	<0.005	≤15	≤20	85～115	≤±10	≤±15	原子吸收法、石墨炉原子吸收法
		0.005～0.1	≤10	≤15	90～110	≤±8	≤±10	原子吸收法、双硫腙光度法
		>0.1	≤5	≤10	95～105	≤±8	≤±10	原子吸收法
19	六价铬	<0.01	≤15	≤20	90～110	≤±8	≤±10	二苯碳酰二肼光度法
		0.01～1.0	≤10	≤15	90～110	≤±5	≤±8	二苯碳酰二肼光度法
		>1.0	≤5	≤10	90～105	≤±5	≤±5	硫酸亚铁铵滴定法
20	铅	<0.05	≤15	≤20	85～115	≤±10	≤±15	硫酸亚铁铵滴定法

续表

编　号	项　目	样品含量范围（mg/L）	精密度（%）室内（d_i/℃）	精密度（%）室间（d_i/℃）	准确度（%）加标回收率	准确度（%）室内相对误差	准确度（%）室间相对误差	适用的监测分析方法
20	铅	0.05～1.0	≤10	≤15	90～110	≤±8	≤±10	石墨炉原子吸收法
		>1.0	≤8	≤10	95～105	≤±5	≤±5	原子吸收法、双硫腙光度法
21	总氰化物	<0.05	≤20	≤25	85～115	≤±15	≤±20	异烟酸－吡唑啉酮光度法
		0.05～0.5	≤15	≤20	90～110	≤±10	≤±15	吡啶－巴比妥酸光度法
		>5.0	≤10	≤15	90～110	≤±10	≤±15	硝酸银滴定法
22	总硬度以 $CaCO_3$ 计	<50	≤10	≤15	90～110	≤±5	≤±10	EDTA 滴定法
		>50	≤8	≤10	95～105	≤±4	≤±5	
23	挥发酚	<0.05	≤15	≤20	85～115	≤±10	≤±15	4-氨基安替比林萃取光度法、
		0.05～1.0	≤10	≤15	90～110	≤±8	≤±10	
		>1.0	≤8	≤10	90～110	≤±8	≤±10	4-氨基安替比林萃取光度法、溴化容量法
24	总　铬	≤0.01	≤15	≤20	90～110	≤±10	≤±15	原子吸收法、二苯碳酰二肼光度法
		0.01～1.0	≤10	≤15	90～110	≤±8	≤±10	
		>1.0	≤5	≤10	95～105	≤±5	≤±10	硫酸亚铁铵容量法
25	钾	<1.0	≤15	≤20	85～115	≤±10	≤±15	原子吸收法、火焰发射光度法
		1.0～3.0	≤10	≤15	90～110	≤±8	≤±10	
		>3.0	≤5	≤10	95～105	≤±5	≤±8	
26	钠	<1.0	≤15	≤20	90～110	≤±10	≤±15	
		1.0～10	≤10	≤15	95～105	≤±8	≤±10	
		>10	≤5	≤10	95～105	≤±5	≤±8	
27	钙	<1.0	≤15	≤20	90～110	≤±10	≤±15	原子吸收法、EDTA 滴定法
		1.0～5.0	≤10	≤15	95～105	≤±8	≤±10	
		>5.0	≤5	≤10	95～105	≤±5	≤±8	
28	镁	<1.0	≤10	≤15	90～110	≤±10	≤±15	
		>1.0	≤8	≤10	95～105	≤±5	≤±8	
29	总碱度（以 $CaCO_3$ 计）	<50	≤10	≤15	90～110	≤±10	≤±15	酸碱滴定法
		>50	≤8	≤10	95～105	≤±5	≤±10	
30	电导率（μs/cm）	<100	≤10	≤15	—	≤±8	≤±10	电导仪测定法
		>100	≤8	≤10	—	≤±5	≤±5	

9.4.4　其他质量控制方法：

（1）标准样（或质控样）对比分析。采用标准样（或质控样）和样品同步进行测试，将测试结果与标准样品保证值相比较，以评价其准确度和检查实验室内（或个人）是否存在系统误差。

（2）室内互检和室间外检。采用室内、间不同分析人员对同一样品进行测试，若不同人员或不同实验室的测试结果一致，表示工作质量可靠。

（3）不同分析方法对比分析。对同一样品采用具有可比性的不同分析方法进行测定，若结果一致，表明分析质量可靠。该法多用于标准物质定值等。

9.4.5　样品合格率的计算与要求。

（1）样品合格率计算：

$$密度合格率（\%）= 平行双样合格数 / 平行双样测定总数 \times 100\% \qquad (9.4.5-1)$$
$$合格率（\%）= 质控样（或标准样）合格数 / 质控样（或标准样）总数 \times 100\% \qquad (9.4.5-2)$$

（2）合格率要求：合格率应达到95%以上，若小于95%时，除对不合格者重新测定以外，还应再增加10%～20%测定率。如此累进，直至总合格率大于95%为止。

9.5　实验室间质量控制

9.5.1　实验室间质量控制是由质控协调实验室通过发放标准物质，与各实验室内的标准溶液进行对比，或发放统一配制的样品进行考核，由质控协调实验室对测试结果进行统一评定，以检验各实验室的系统误差，使各实验室的监测数据准确可比。

9.5.2　实验室间分析质量考核由省级以上水环境监测中心组织，一般每年进行一次。实验室间分析质量考核程序如下：

（1）由质控协调实验室制订考核实施方案，分发考核样品。

（2）参加考核的实验室应在规定的期限内完成样品测试，并按核方案要求上报有关数据和资料。

（3）组织单位对各考核实验室的上报数据进行综合统计处理，对考核结果作出分析评价，并将考核结果反馈被考核单位。

（4）考核合格者由考核主持机构发给合格证书。

9.5.3　考核水样浓度应准确已知，具有良好的稳定性和均匀性。一般可分为以下几种类型：

（1）国家级标准或标准物质。

（2）天然水样，系含被测组分的典型天然水样，其真值通过多个实验室用不同方法确定。

（3）天然加标水样。

10　数据处理与资料整、汇编

10.1　数据记录与处理

10.1.1　数据记录应符合以下要求：

（1）用钢笔或档案圆珠笔及时填写在原始记录表格中，不得记在纸片或其他本子上再誊抄。

（2）填写记录字迹应端正，内容真实、准确、完整，不得随意涂改。

（3）改正时应在原数据上划一横线，再将正确数据填写在其上方，不得涂擦、挖补。

（4）对带数据自动记录和处理功能的仪器，将测试数据转抄在记录表上，并同时附上仪器记录纸；若记录纸不能长期保存（如热敏纸），采用复印件，并做必要的注解。

（5）原始记录有测试、校核等人员签名，校核人要求具有5年以上分析测试工作经验。

（6）记录内容包括检测过程中出现的问题、异常现象及处理方法等说明。

10.1.2　数据记录中有效位数按以下原则确定：

（1）根据计量器具的精度和仪器刻度来确定，不得任意增删。

（2）按所用分析方法最低检出浓度的有效位数确定。

（3）来自同一个正态分布的数据量多于4个时，其均值的有效数字位数可比原位数增加一位。

（4）精密度按所用分析方法最低检出浓度的有效位数确定，只有当测次超过8次时，统计值可多取一位。

（5）极差、平均偏差、标准偏差按方法最低检出浓度确定有效数字的位数。

（6）相对平均偏差、相对标准偏差、检出率、超标率等以百分数表示，视数值大小，取至小数点后1～2位。

10.1.3　数据检查与处理以及运算规则。

（1）测定数据中如有可疑值，经检查非操作失误引起，可采用 Dixon 法或 Grubbs 法等检验同组测定数据的一致性后，再决定其取舍。

（2）数据的运算应按以下规则进行：

① 当数据加减时，其结果的小数点后保留位数与各数中小数最少者相同。

② 当各数相乘、除时，其结果的小数点后保留位数与各数中有效数字最少者相同。

③ 尾数的取舍按"四舍六入五单双"原则处理，当尾数左边一个数为五，其右的数字不全为零时则进一，其右边全部数字为零时，以保留数的末位的奇偶决定进舍，奇进偶（含零）舍。

④ 数据的修约只能进行一次，计算过程中的中间结果不必修约。

10.1.4　分析结果的表示应符合以下要求：

（1）使用法定计量单位及符号等。

（2）水质项目中除水温（℃）；电导率［μS/cm（25 ℃）］、氧化还原电位（mV）、细菌总数（个／毫升）、大肠菌群（个／升）、透明度（cm）外，其余单位均为 mg/L。

（3）底质、悬移质及生物体中的含量均用毫克／千克（mg/kg）表示。

（4）平行样测定结果用均值表示。

（5）当测定结果低于分析方法的最低检出浓度时，用"＜DL"表示，并按1/2最低检出浓度值参加统计处理。

（6）测定精密度、准确度用偏（误）差值表示。

（7）检出率、超标率用百分数表示。

10.2 资料整理、汇编

10.2.1 资料整理、汇编一般规定如下：

（1）各级水环境监测中心对监测原始资料，均应进行系统、规范化整理分析，按分级管理要求进行整理、汇编，并向上级水环境监测中心报送成果。

（2）水环境监测中心应按检测流程与质量管理体系对原始试结果进行核查，发现问题应及时处理，以确保检测成果质量。

（3）原始资料检查内容包括样品的采集、保存、运送过程、分析方法的选用及检测过程、自控结果和各种原始记录（如试剂、基准、标准溶液、试剂配制与标定记录、样品测试记录、校正曲线等），并对资料合理性进行检查。

（4）本节仅列出地表水监测资料的整理、汇编要求，地下水、大气降水、水体沉降物、水生生物和排污口等调查与监测资料的整理、汇编，可参照执行。

10.2.2 资料应按下列方式与要求及时进行整编。

（1）原始资料整编：

① 原始资料的初步整编工作以基层水环境监测中心为单位进行。

② 原始资料自检测任务书、采样记录、送样单至最终检测报告及有关说明等原始记录，经检查审核后，应装订成册，以便于保管备查。

（2）资料按省、自治区和直辖市等进行分类整编，填制或绘制有关整理、汇编用图表；编制有关说明材料及检查初步整编成果。

（3）整编内容主要包括：

① 编制水质站监测情况说明表及位置图。

② 编制监测成果表。

③ 编制监测成果特征值年统计表。

10.2.3 资料汇编方式与要求如下：

（1）资料汇编以流域为单位进行，各省、自治区、直辖市水环境监测中心应于次年4月底前完成资料整汇编工作。

（2）汇编单位组织对资料进行复审，复审方式可采取集中式或分寄式等，一般抽审5%～15%的成果表和部分原始资料，如发现错误，需进行全面检查。

（3）汇编内容主要包括：

① 资料合理性检查及审核。

② 编制汇编图表：如水质站及断面一览表、水质站及断面分布图、资料索引、其他图表。

（4）送交汇编的图表，应经过校（初校、复校）、审并达到项目齐全，图表完整，方法正确，资料可靠，说明完备，字迹清晰，要求成果表中无大错，一般错误率不得大于1/10 000。

（5）汇编成果应包括：

① 资料索引表。

② 编制说明。

③ 水质站及断面一览表。

④ 水质站及断面分布图。

⑤ 水质站监测情况说明表及位置图。

⑥ 监测成果表。

⑦ 监测成果特征值年统计表。

9.2.4 监测资料计算机整理、汇编应统一采用水利系统水环境监测资料整理、汇编程序。整理、汇编的成果资料以纸质文字和磁盘、光盘等载体存储与传递。

10.3　资料保存与要求

10.3.1 资料包括纸质文字资料及磁盘、光盘等其他介质记录的资料。

（1）主要保存内容如下：

① 各种原始记录。

② 整理汇编成果图表。

③ 整理汇编情况说明书。

（2）资料保存应符合以下要求：

① 按档案管理规定对资料进行系统归档保存，注意安全。

② 磁介质资料存放有防潮、防磁措施，并按载体保存限期及时转录。

③ 除原始资料外，整理、汇编成果资料有备份并存放于不同地点。

原始资料保存期限 5 年；整理汇编成果资料长期保存。

附录二

地表水环境质量标准 GB 3838—2002

前 言

为贯彻《中华人民共和国环境保护法》和《中华人民共和国水污染防治法》,防治水污染,保护地表水水质,保障人体健康,维护良好的生态系统,制定本标准。

本标准将标准项目分为:地表水环境质量标准基本项目、集中式生活饮用水地表水源地补充项目和集中式生活饮用水地表水源地特定项目。地表水环境质量标准基本项目适用于全国江河、湖泊、运河、渠道、水库等具有使用功能的地表水水域;集中式生活饮用水地表水源地补充项目和特定项目适用于集中式生活饮用水地表水源地一级保护区和二级保护区。集中式生活饮用水地表水源地特定项目由县级以上人民政府环境保护行政主管部门根据本地区地表水水质特点和环境管理的需要进行选择,集中式生活饮用水地表水源地补充项目和选择确定的特定项目作为基本项目的补充指标。

本标准项目共计 109 项,其中地表水环境质量标准基本项目 24 项,集中式生活饮用水地表水源地补充项目 5 项,集中式生活饮用水地表水源地特定项目 80 项。

与 GHZB 1—1999 相比,本标准在地表水环境质量标准基本项目中增加了总氮一项指标,删除了基本要求和亚硝酸盐、非离子氨及凯氏氮三项指标,将硫酸盐、氯化物、硝酸盐、铁、锰调整为集中式生活饮用水地表水源地补充项目,修订了 pH、溶解氧、氨氮、总磷、高锰酸盐指数、铅、粪大肠菌群 7 个项目的标准值,增加了集中式生活饮用水地表水源地特定项目 40 项。本标准删除了湖泊水库特定项目标准值。

县级以上人民政府环境保护行政主管部门及相关部门根据职责分工,按本标准对地表水各类水域进行监督管理。

与近海水域相连的地表水河口水域根据水环境功能按本标准相应类别标准值进行管理,近海水功能区水域根据使用功能按《海水水质标准》相应类别标准值进行管理。批准划定的单一渔业水域按《渔业水质标准》进行管理,处理后的城市污水及与城市污水水质相近的工业废水用于农田灌溉用水的水质按《农田灌溉水质标准》进行管理。

《地面水环境质量标准》(GB 3838—83)为首次发布,1988 年为第一次修订,1999 年为第二次修订,本次为第三次修订。本标准自 2002 年 6 月 1 日起实施,《地面水环境质量标准》(GB 3838—88)和《地表水环境质量标准》(GBZB1—1999)同时废止。

本标准由国家环境保护总局科技标准司提出并归口。本标准由中国环境科学研究院负责修订。本标准由国家环境保护总局 2002 年 4 月 26 日批准。本标准由国家环境保护总局负责解释。

1. 范围

1.1 本标准按照地表水环境功能分类和保护目标,规定了水环境质量应控制的项目及限值,以及水质评价、水质项目的分析方法和标准的实施与监督。

1.2 本标准适用于中华人民共和国领域内江河、湖泊、运河、渠道、水库等具有使用功能的地表水水域。具有特定功能的水域,执行相应的专业用水水质标准。

2. 引用标准

《生活饮用水卫生规范》(卫生部,2001 年)和本标准 4-表 6 所列分析方法标准及规范中所含条文在本标准中被引用即构成为本标准条文,与本标准同效。当上述标准和规范修订时,应使用其最新版本。

3. 水域功能和标准分类

依据地表水水域环境功能和保护目标,按功能高低依次划分为五类:

Ⅰ类主要适用于源头水、国家自然保护区;

Ⅱ类主要适用于集中式生活饮用水地表水源地一级保护区、珍稀水生生物栖息地、鱼虾类产卵场、仔稚幼鱼的索饵场等;

Ⅲ类主要适用于集中式生活饮用水地表水源地二级保护区、鱼虾类越冬场、洄游通道、水产养殖区等渔业水域及游泳区;

Ⅳ类主要适用于一般工业用水区及人体非直接接触的娱乐用水区;

Ⅴ类主要适用于农业用水区及一般景观要求水域。

对应地表水上述五类水域功能,将地表水环境质量标准基本项目标准分为五类,不同功能类别分别执行相应类别的标准值。水域功能类别高的标准值严于水域功能类别低的标准值。同一水域兼有多类使用功能的,执行最高功能类别对应的标准值。实现水域功能与达标功能类别标准为同一含义。

4. 标准值

4.1 地表水环境质量标准基本项目标准限值见表 1。

4.2 集中式生活饮用水地表水源地补充项目标准限值见表 2。

4.3 集中式生活饮用水地表水源地特定项目标准限值见表 3。

5. 水质评价

5.1 地表水环境质量评价应根据应实现的水域功能类别,选取相应类别标准,进行单因子评价,评价结果应说明水质达标情况,超标的应说明超标项目和超标倍数。

5.2 丰、平、枯水期特征明显的水域,应分水期进行水质评价。

5.3 集中式生活饮用水地表水源地水质评价的项目应包括表 1 中的基本项目、表 2

中的补充项目以及由县级以上人民政府环境保护行政主管部门从表3中选择确定的特定项目。

6. 水质监测

6.1 本标准规定的项目标准值，要求水样采集后自然沉降30分钟，取上层非沉降部分按规定方法进行分析。

6.2 地表水水质监测的采样布点、监测频率应符合国家地表水环境监测技术规范的要求。

6.3 本标准水质项目的分析方法应优先选用表4～表6规定的方法，也可采用ISO方法体系等其他等效分析方法，但须进行适用性检验。

7. 标准的实施与监督

7.1 本标准由县级以上人民政府环境保护行政主管部门及相关部门按职责分工监督实施。

7.2 集中式生活饮用水地表水源地水质超标项目经自来水厂净化处理后，必须达到《生活饮用水卫生规范》的要求。

7.3 省、自治区、直辖市人民政府可以对本标准中未作规定的项目，制定地方补充标准，并报国务院环境保护行政主管部门备案。

表1　地表水环境质量标准基本项目标准限值　　　　　　　　　　　mg/L

序　号	标准值 分类项目	Ⅰ类	Ⅱ类	Ⅲ类	Ⅳ类	Ⅴ类
1	水温（℃）	人为造成的环境水温变化应限制在： 周平均最大温升≤1 周平均最大温降≤2				
2	pH值（无量纲）	6～9				
3	溶解氧≥	饱和率90% （或7.5）	6	5	3	2
4	高锰酸盐指数≤	2	4	6	10	15
5	化学需氧量（COD）≤	15	15	20	30	40
6	五日生化需氧量 （BOD_5）≤	3	3	4	6	10
7	氨氮（NH_3-N）≤	0.15	0.5	1.0	1.5	2.0
8	总磷（以P计）≤	0.02（湖、库 0.01）	0.1（湖、库 0.025）	0.2（湖、库 0.05）	0.3（湖、库 0.1）	0.4（湖、库 0.2）
9	总氮（湖、库，以N计） ≤	0.2	0.5	1.0	1.5	2.0
10	铜≤	0.01	1.0	1.0	1.0	1.0
11	锌≤	0.05	1.0	1.0	2.0	2.0
12	氟化物（以F^-计）≤	1.0	1.0	1.0	1.5	1.5
13	硒≤	0.01	0.01	0.01	0.02	0.02

续表

序 号	标准值 分类项目	Ⅰ类	Ⅱ类	Ⅲ类	Ⅳ类	Ⅴ类
14	砷≤	0.05	0.05	0.05	0.1	0.1
15	汞≤	0.000 05	0.000 05	0.000 1	0.001	0.001
16	镉≤	0.001	0.005	0.005	0.005	0.01
17	铬（六价）≤	0.01	0.05	0.05	0.05	0.1
18	铅≤	0.01	0.01	0.05	0.05	0.1
19	氰化物≤	0.005	0.05	0.2	0.2	0.2
20	挥发酚≤	0.002	0.002	0.005	0.01	0.1
21	石油类≤	0.05	0.05	0.05	0.5	1.0
22	阴离子表面活性剂≤	0.2	0.2	0.2	0.3	0.3
23	硫化物≤	0.05	0.1	0.2	0.5	1.0
24	粪大肠菌群（个／升） ≤	200	2 000	10 000	20 000	40 000

表2　集中式生活饮用水地表水源地补充项目标准限值　　　　　mg/L

序 号	项 目	标准值
1	硫酸盐（以 SO_4^{2-} 计）	250
2	氯化物（以 Cl^- 计）	250
3	硝酸盐（以 N 计）	10
4	铁	0.3
5	锰	0.1

表3　集中式生活饮用水地表水源地补充项目分析方法

序 号	项 目	分析方法	最低检出限（mg/L）	方法来源
1	硫酸盐	重量法	10	GB 11899—89
		火焰原子吸收分光光度法	0.4	GB 13196—91
		铬酸钡光度法	8	1）
		离子色谱法	0.09	HJ/T 84—2001
2	氯化物	硝酸银滴定法	10	GB 11896—89
		硝酸汞滴定法	2.5	1）
		离子色谱法	0.02	HJ/T 84—2001
3	硝酸盐	酚二磺酸分光光度法	0.02	GB 7480—87
		紫外分光光度法	0.08	1）
		离子色谱法	0.08	HJ/T 84—2001

续表

序　号	项　目	分析方法	最低检出限(mg/L)	方法来源
4	铁	火焰原子吸收分光光度法	0.03	GB 11911—89
		邻菲啰啉分光光度法	0.03	1)
5	锰	高碘酸钾分光光度法	0.02	GB 11906—89
		火焰原子吸收分光光度法	0.01	GB 11911—89
5	锰	甲醛肟光度法	0.01	1)

注:暂采用下列分析方法,待国家方法标准发布后,执行国家标准。
1)《水和废水检测分析方法(第三版)》,中国环境科学出版社,1989 年。

表 4　集中式生活饮用水地表水源地特定项目标准限值

序　号	项　目	标准值	序　号	项　目	标准值
1	三氯甲烷	0.06	41	丙烯酰胺	0.0005
2	四氯化碳	0.002	42	丙烯腈	0.1
3	三溴甲烷	0.1	43	邻苯二甲酸二丁酯	0.003
4	二氯甲烷	0.02	44	邻苯二甲酸二(2-乙基己基)酯	0.008
5	1,2-二氯乙烷	0.03	45	水合肼	0.01
6	环氧氯丙烷	0.02	46	四乙基铅	0.0001
7	氯乙烯	0.005	47	吡啶	0.2
8	1,1-二氯乙烯	0.03	48	松节油	0.2
9	1,2-二氯乙烯	0.05	49	苦味酸	0.5
10	三氯乙烯	0.07	50	丁基黄原酸	0.005
11	四氯乙烯	0.04	51	活性氯	0.01
12	氯丁二烯	0.002	52	滴滴涕	0.001
13	六氯丁二烯	0.0006	53	林丹	0.002
14	苯乙烯	0.02	54	环氧七氯	0.0002
15	甲醛	0.9	55	对硫磷	0.003
16	乙醛	0.05	56	甲基对硫磷	0.002
17	丙烯醛	0.1	57	马拉硫磷	0.05
18	三氯乙醛	0.01	58	乐果	0.08
19	苯	0.01	59	敌敌畏	0.05
20	甲苯	0.7	60	敌百虫	0.05
21	乙苯	0.3	61	内吸磷	0.03
22	二甲苯①	0.5	62	百菌清	0.01
23	异丙苯	0.25	63	甲萘威	0.05
24	氯苯	0.3	64	溴氰菊酯	0.02

续表

序　号	项　目	标准值	序　号	项　目	标准值
25	1,2-二氯苯	1.0	65	阿特拉津	0.003
26	1,4-二氯苯	0.3	66	苯并(α)芘	$2.8×10^{-6}$
27	三氯苯②	0.02	67	甲基汞	$1.0×10^{-6}$
28	四氯苯③	0.02	68	多氯联苯⑥	$2.0×10^{-5}$
29	六氯苯	0.05	69	微囊藻毒素 -LR	0.001
30	硝基苯	0.017	70	黄磷	0.003
31	二硝基苯④	0.5	71	钼	0.07
32	2,4-二硝基甲苯	0.000 3	72	钴	1.0
33	2,4,6-三硝基甲苯	0.5	73	铍	0.002
34	硝基氯苯⑤	0.05	74	硼	0.5
35	2,4-二硝基氯苯	0.5	75	锑	0.005
36	2,4-二氯苯酚	0.093	76	镍	0.02
37	2,4,6-三氯苯酚	0.2	77	钡	0.7
38	五氯酚	0.009	78	钒	0.05
39	苯胺	0.1	79	钛	0.1
40	联苯胺	0.000 2	80	铊	0.000 1

注：① 二甲苯：指对二甲苯、间二甲苯、邻二甲苯
　　② 三氯苯：指 1,2,3 三氯苯、1,2,4 三氯苯、1,3,5 三氯苯
　　③ 四氯苯：指 1,2,3,4 四氯苯、1,2,3,5 四氯苯、1,2,4,5 四氯苯
　　④ 二硝基苯：指对二硝基苯、间二硝基苯、邻二硝基苯
　　⑤ 硝基氯苯：指对硝基氯苯、间硝基氯苯、邻硝基氯苯
　　⑥ 多氯联苯：指 PCB—1016、PCB—1221、PCB—1232、PCB—1242、PCB—1248、PCB—1254、PCB—1260

表 5　地表水环境质量标准基本项目分析方法

序　号	项　目	分析方法	最低检出限（mg/L）	方法来源
1	水　温	温度计法		GB 13195—91
2	pH 值	玻璃电极法		GB 6920—86
3	溶解氧	碘量法	0.2	GB 7489—87
		电化学探头法		GB 11913—89
4	高锰酸盐指数		0.5	GB 11892—89
5	化学需氧量	重铬酸盐法	10	GB 11914—89
6	五日生化需氧量	稀释与接种法	2	GB 7488—87
7	氨　氮	纳氏试剂比色法	0.05	GB 7479—87
		水杨酸分光光度法	0.01	GB 7481—87
8	总　磷	钼酸铵分光光度法	0.01	GB 11893—89

序　号	项　目	分析方法	最低检出限(mg/L)	方法来源
9	总　氮	碱性过硫酸钾消解紫外分光光度法	0.05	GB 11894—89
10	铜	2,9-二甲基-1,10-菲啰啉分光光度法	0.06	GB 7473—87
		二乙基二硫代氨基甲酸钠分光光度法	0.010	GB 7474—87
		原子吸收分光光度法(螯合萃取法)	0.001	GB 7475—87
11	锌	原子吸收分光光度法	0.05	GB 7475—87
12	氟化物	氟试剂分光光度法	0.05	GB 7483—87
		离子选择电极法	0.05	GB 7484—87
		离子色谱法	0.02	HJ/T84—2001
13	硒	2,3-二氨基萘荧光法	0.000 25	GB 11902—89
		石墨炉原子吸收分光光度法	0.003	GB/T15505—1995
14	砷	二乙基二硫代氨基甲酸银分光光度法	0.007	GB 7485—87
		冷原子荧光法	0.000 06	1)
15	汞	冷原子荧光法	0.000 05	1)
		冷原子吸收分光光度法	0.000 05	GB 7468—87
16	镉	原子吸收分光光度法(螯合萃取法)	0.001	GB 7475—87
17	铬(六价)	二苯碳酰二肼分光光度法	0.004	GB 7467—87
18	铅	原子吸收分光光度法(螯合萃取法)	0.01	GB 7475—87
19	氰化物	异烟酸-吡唑啉酮比色法	0.004	GB 7487—87
		吡啶-巴比妥酸比色法	0.002	
20	挥发酚	蒸馏后4-氨基安替比林分光光度法	0.002	GB 7490—87
21	石油类	红外分光光度法	0.01	GB/T16488—1996
22	阴离子表面活性剂	亚甲蓝分光光度法	0.05	GB 7494—87
23	硫化物	亚甲基蓝分光光度法	0.005	GB/T16489—1996
		直接显色分光光度法	0.004	GB/T17133—1997
24	粪大肠菌群	多管发酵法、滤膜法		1)

注:暂采用下列分析方法,待国家方法标准发布后,执行国家标准。
1)《水和废水监测分析方法(第三版)》,中国环境科学出版社,1989年。

表6　集中式生活饮用水地表水源地特定项目分析方法

序　号	项　目	分析方法	最低检出限(mg/L)	方法来源
1	三氯甲烷	顶空气相色谱法	0.000 3	GB/T 17130—1997
		气相色谱法	0.000 6	2)
2	四氯化碳	顶空气相色谱法	0.000 05	GB/T 17130—1997
		气相色谱法	0.000 3	2)
3	三溴甲烷	顶空气相色谱法	0.001	GB/T 17130—1997
		气相色谱法	0.006	2)
4	二氯甲烷	顶空气相色谱法	0.008 7	2)
5	1,2-二氯乙烷	顶空气相色谱法	0.012 5	2)

序 号	项 目	分析方法	最低检出限(mg/L)	方法来源
6	环氧氯丙烷	气相色谱法	0.02	2)
7	氯乙烯	气相色谱法	0.001	2)
8	1,1-二氯乙烯	吹出捕集气相色谱法	0.000 018	2)
9	1,2-二氯乙烯	吹出捕集气相色谱法	0.000 012	2)
10	三氯乙烯	顶空气相色谱法	0.000 5	GB/T 17130—1997
		气相色谱法	0.003	2)
11	四氯乙烯	顶空气相色谱法	0.000 2	GB/T 17130—1997
		气相色谱法	0.001 2	2)
12	氯丁二烯	顶空气相色谱法	0.002	2)
13	六氯丁二烯	气相色谱法	0.000 02	2)
14	苯乙烯	气相色谱法	0.01	2)
15	甲醛	乙酰丙酮分光光度法	0.05	GB 13197—91
		4-氨基-3-联氨-5-巯基-1,2,4-三氮杂茂(AHMT)分光光度法	0.05	2)
16	乙醛	气相色谱法	0.24	2)
17	丙烯醛	气相色谱法	0.019	2)
18	三氯乙醛	气相色谱法	0.001	2)
19	苯	液相气相色谱法	0.005	GB 11890—89
		顶空气相色谱法	0.000 42	2)
20	甲苯	液相气相色谱法	0.005	GB 11890—89
		二硫化碳萃取气相色谱法	0.05	
		气相色谱法	0.01	2)
21	乙苯	液相气相色谱法	0.005	GB 11890—89
		二硫化碳萃取气相色谱法	0.05	
		气相色谱法	0.01	2)
22	二甲苯	液相气相色谱法	0.005	GB 11890—89
		二硫化碳萃取气相色谱法	0.05	
		气相色谱法	0.01	2)
23	异丙苯	顶空气相色谱法	0.003 2	2)
24	氯苯	气相色谱法	0.01	HJ/T 74—2001
25	1,2-二氯苯	气相色谱法	0.002	GB/T 17131—1997
26	1,4-二氯苯	气相色谱法	0.005	GB/T 17131—1997
27	三氯苯	气相色谱法	0.000 04	2)
28	四氯苯	气相色谱法	0.000 02	2)
29	六氯苯	气相色谱法	0.000 02	2)
30	硝基苯	气相色谱法	0.000 2	GB 13194—91
31	二硝基苯	气相色谱法	0.2	2)
32	2,4-二硝基甲苯	气相色谱法	0.000 3	GB 13194—91

序 号	项 目	分析方法	最低检出限（mg/L）	方法来源
33	2,4,6-三硝基甲苯	气相色谱法	0.1	2)
34	硝基氯苯	气相色谱法	0.000 2	GB 13194—91
35	2,4-二硝基氯苯	气相色谱法	0.1	2)
36	2,4-二氯苯酚	电子捕获-毛细色谱法	0.000 4	2)
37	2,4,6-三氯苯酚	电子捕获-毛细色谱法	0.000 04	2)
38	五氯酚	气相色谱法	0.000 04	GB 8972—88
		电子捕获-毛细色谱法	0.000 024	2)
39	苯胺	气相色谱法	0.002	2)
40	联苯胺	气相色谱法	0.000 2	3)
41	丙烯酰胺	气相色谱法	0.000 15	2)
42	丙烯腈	气相色谱法	0.10	2)
43	邻苯二甲酸二丁酯	液相色谱法	0.000 1	HJ/T72—2001
44	邻苯二甲酸二(2-乙基己基)酯	气相色谱法	0.000 4	2)
45	水合肼	对二甲氢基苯甲醛直接分光光度法	0.005	2)
46	四乙基铅	双硫腙比色法	0.000 1	2)
47	吡啶	气相色谱法	0.031	GB/T14672—93
		巴比土酸分光光度法	0.05	2)
48	松节油	气相色谱法	0.02	2)
49	苦味酸	气相色谱法	0.001	2)
50	丁基黄原酸	铜试剂亚铜分光光度法	0.002	2)
51	活性氯	N,N-二乙基对苯二胺（DPD）分光光度法	0.01	2)
		3,3,5,5,-四甲基联苯胺比色法	0.005	2)
52	滴滴涕	气相色谱法	0.000 2	GB7492—87
53	林丹	气相色谱法	4×10^{-6}	GB7492—87
54	环氧七氯	液液萃取气相色谱法	0.000 083	2)
55	对硫磷	气相色谱法	0.000 54	GB13192—91
56	甲基对硫磷	气相色谱法	0.000 42	GB13192—91
57	马拉硫磷	气相色谱法	0.000 64	GB13192—91
58	乐果	气相色谱法	0.000 57	GB13192—91
59	敌敌畏	气相色谱法	0.000 06	GB13192—91
60	敌百虫	气相色谱法	0.000 051	GB13192—91
61	内吸磷	气相色谱法	0.002 5	2)
62	百菌清	气相色谱法	0.000 4	2)
63	甲萘威	高效液相色谱法	0.01	2)
64	溴氰菊酯	气相色谱法	0.000 2	2)
64	溴氰菊酯	高效液相色谱法	0.002	2)
65	阿特拉津	气相色谱法		3)

续表

序　号	项　目	分析方法	最低检出限(mg/L)	方法来源
66	苯并(α)芘	乙酰化滤纸层析荧光分光光度法	$4×10^{-6}$	GB 11895—89
		高效液相色谱法	$1×10^{-6}$	GB 13198—91
67	甲基汞	气相色谱法	$1×10^{-8}$	GB/T 17132—1997
68	多氯联苯	气相色谱法		3)
69	微囊藻毒素 -LR	高效液相色谱法	0.000 01	2)
70	黄磷	钼-锑-抗分光光度法	0.002 5	2)
71	钼	无火焰原子吸收分光光度	0.002 31	2)
72	钴	无火焰原子吸收分光光度	0.001 91	2)
73	铍	铬菁 R 分光光度法	0.000 2	HJ/T 58—2000
		石墨炉原子吸收分光光度法	0.000 02	HJ/T 59—2000
		桑色素荧光分光光度法	0.000 2	2)
74	硼	姜黄素分光光度法	0.02	HJ/T 49—1999
		甲亚胺 -H 分光光度法	0.2	2)
75	锑	氢化原子吸收分光光度法	0.000 25	2)
76	镍	无火焰原子吸收分光光度	0.002 48	2)
77	钡	无火焰原子吸收分光光度	0.006 18	2)
78	钒	钽试剂(BPHA)萃取分光光度法	0.018	GB/T 15503—1995
		无火焰原子吸收分光光度法	0.006 98	2)
79	钛	催化示波极谱法	0.000 4	2)
		水杨基荧光酮分光光度法	0.02	2)
80	铊	无火焰原子吸收分光光度法	$4×10^{-6}$	2)

注：暂采用下列分析方法,待国家方法标准发布后,执行国家标准。

1)《水和废水监测分析方法》(第 3 版),中国环境科学出版社,1989 年。

2)《生活饮用水卫生规范》,中华人民共和国卫生部,2001 年。

3)《水和废水标准检验法》(第 15 版),中国建筑工业出版社,1985 年。

参考文献

[1] 米武娟. 区域地表水水环境质量评价研究 [D]. 重庆:重庆交通大学,2011.

[2] M. Camussol. Ecotoxieological assessment in the rivers Rhine(The Netherlands) and po (Italy)[J]. Aquatic Ecosystem Health and Management, 2000, 3(3):335-345.

[3] Demuynck C. Evaluation of pollution reduction scenarios in a river basin:Application of long term water quality simulations[J]. Water science and Technology, 1997, 35(9): 65-75.

[4] K V Ellis. Surface water pollution and its control. London:Macmillan Press Ltd[C]. 1989, 15.

[5] 丁桑岚. 环境评价概论 [M]. 北京:化学工业出版社,2001.

[6] 兰文辉,安海燕. 环境水质评价方法的分析与讨论 [J]. 干旱环境监测,2002,6(3): 167-169.

[7] 刘荣珍,赵军. 模糊评价模型在长江水质评价中的应用 [J]. 环境工程,2003,20(2): 59-61.

[8] 王长胜. 遵义市岩溶地区地下室质量综合评价研究 [D]. 贵州:贵州大学,2008.

[9] 尹福祥,李倦生. 模糊聚类分析在水环境污染区划中的应用 [J]. 环境科学与技术, 2006,26(3):39-40.

[10] 翟由涛,赵玉军. 模糊综合指数在判断水质变化趋势和水体管理中的应用 [J]. 中国环境科学,1995,13(6):44-50.

[11] 张文鸽,管新建,徐清山. 水环境质量评价的模糊贴近度方法 [J]. 水资源保护, 2006,22(2):19-22.

[12] 李希灿,朱俊芳,杨学昌,等. 模糊模式识别在乔店水库水质评价中的应用 [J]. 山东农业大学学报(自然科学版),2006,37(3):444-448.

[13] 朱永兰. 灰色系统在地表水水质评价及预测中的应用研究 [D]. 天津:天津大学, 2008.

[14] 蓝华秀,陈盛,张江山. 灰色聚类法在水库富营养化评价中的应用 [J]. 福建师范

大学学报(自然科学版),2012,28(1):55-59.

[15] 陈玲,张晟,夏世斌,等. 灰色关联度分析方法在水质评价中的应用——以常州市北市河为例[J]. 环境科学与管理,2012,37(2):162-166.

[16] 周扬. 双溪水库水环境质量评价研究[D]. 成都:西南交通大学,2008.

[17] 冯玉国. 物元分析在水质综合评价中的应用[J]. 华东地质学院学报,1994,17(3):281-286.

[18] 王玲杰,孙世群,田丰. 不确定性数学分析方法在河流水质评价中的应用[J]. 合肥工业大学学报(自然科学版),2004,27(11):1425-1429.

[19] 肖玖金,谭周亮,李旭东. 物元可拓法在湖泊水质评价中的运用[J]. 长江流域资源与环境,2010,19(Z2):182-187.

[20] 刘国东,黄川友,丁晶. 水质综合评价的人工神经网络模型[J]. 中国环境科学,1998,18(6):514-517.

[21] 宋国浩. 人工神经网络在水质模拟与水质评价中的应用研究[D]. 重庆:重庆大学,2008.

[22] 姜云超,南忠仁. 三种不确定性水质综合评价方法比较研究[J]. 干旱区资源与环境,2011,25(3):177-180.

[23] 付强,赵小勇. 投影寻踪模型原理及其应用[M]. 北京:科学出版社,2006.

[24] 张欣莉,丁晶,李祚泳,等. 投影寻踪新算法在水质评价模型中的应用[J]. 中国环境科学,2000,20(2):187-189.

[25] 金菊良,魏一鸣,丁晶. 水质综合评价的投影寻踪模型[J]. 环境科学学报,2001,21(4):431-434.

[26] 邵磊,周孝德,杨方廷,等. 基于自由搜索的投影寻踪水质综合评价方法[J]. 中国环境科学,2010,30(12):1708-1714.

[27] 龙美林,廖强,罗畏,等. 改进的投影寻踪模型在水质评价中的应用[J]. 中国农村水利水电,2011,(8):16-19.

[28] 金相灿. 沉积物污染化学[M]. 北京:中国环境科学出版社,1992.

[29] S Degetto, C Cantaluppi, A Cianchi F Valdarnini, M Schintu. Critical analysis of radiochemical methodologies for the assessment of sediment pollution and dynamics in the lagoon of Venice(Italy)[J]. Environment International,2005,31(7):1023-1030.

[30] Ann-Sofie Wernersson, Go ran Dave, Eva Nilsson. Combining sediment quality criteria and sediment bioassays with photo activation for assessing sediment quality along the Swedish West Coast[JI. Aquatic Eeosystem Health and Management,1999,2:379-389.

[31] 隋桂荣. 太湖底质中有机物污染状况研究[J]. 上海师范学院学报(自然科学版),1983,(3):120-123.

[32] 隋桂荣. 太湖表层沉积物中OM、TN、TP的现状与评价[J]. 湖泊科学,1996,8(4):319-324.

[33] 张雷,郑丙辉,田自强,等. 西太湖典型河口区湖滨带表层沉积物营养评价[J]. 环

境科学与技术,2006,29(5):4-6,13.

[34]　王永华,钱少猛,徐南妮,等. 巢湖东区底泥污染物分布特征及评价 [J]. 环境科学研究,2004,17(6):22-26.

[35]　蔡金傍,李文奇,刘娜,等. 洋河水库底泥污染特性研究 [J]. 农业环境科学学报,2007,26(3):886-893.

[36]　余祺,李海波,陈红兵,等. 长湖底质有机物富集现状及评价 [J]. 湖北大学学报(自然科学版),2007,29(2):203-206.

[37]　彭自然,张饮江,张剑雯,等. 世博园水体底泥氮磷分布特征 [J]. 环境科学与技术,2008,31(3):56-58.

[38]　余辉,张文斌,卢少勇,等. 洪泽湖表层底质营养盐的形态分布特征与评价 [J]. 环境科学,2010,31(4):961-968.

[39]　张成云,朱鸿斌,孙莉,等. 简阳市张家岩水库底质的综合评价 [J]. 现代预防医学,2006,33(4):591-592.

[40]　吴明,邵学新,蒋科毅. 西溪国家湿地公园水体和底泥 N-P 营养盐分布特征及评价 [J]. 林业科学研究,2008,21(4):587-591.

[41]　余国安,王兆印,刘成,等. 长江中游底泥质量现状调查研究 [J]. 泥沙研究,2007,(4):14-20.

[42]　罗燕. 浑河与大伙房水库沉积物重金属污染评价 [D]. 北京:中国环境科学研究院,2011.

[43]　杨永强. 珠江口及近海沉积物中重金属元素的分布——赋存形态及其潜在生态风险评价 [D]. 北京:中国科学院研究生院,2007.

[44]　霍文毅,黄风茹,陈静生,等. 河流颗粒物重金属污染评价方法比较研究 [J]. 地理科学,1997,17(1):81-86.

[45]　文湘华,Herbert E. Allen. 乐安江沉积物含量及溶解氧对重金属释放特性的影响 [J]. 环境科学,1997,18(4):32-34.

[46]　贾振邦,梁涛,林健枝. 酸可挥发硫对香港河流沉积物中重金属的毒性作用 [J]. 北京大学学报(自然科学版),1998,34(2-3):379-386.

[47]　Dominic M, D I Toro, John D Mahony, David J Hansen et al. (1992). Acid volatile sulfide predicts the acute toxicity of cadmium and nickel in sediments[J]. Environmental science and technology,26(1),96-101.

[48]　蒋荣荣. 淮安市里运河底质重金属污染状况及评价 [J]. 污染防治技术,2007,20(2):53-55.

[49]　孟翊,刘苍字,程江. 长江口沉积物重金属元素地球化学特征及其底质环境评价 [J]. 海洋地质与第四纪地质,2003,23(3):37-42.

[50]　钱位成,林美琪,徐爱琴,等. 鄱阳湖底质中重金属的分布和评价 [J]. 环境科学丛刊,6(7):47-54.

[51]　Rubio B,Nombela M A,Vilas F. Geochemistry of major and trace elements in sediments of the Rio de Vigo(NW Spain):An assessment of metal pollution. Marine

Pollution Bulletin, 2000, 40(11): 968-980.

[52] 齐晓君, 王恩德, 付建飞. 大伙房水库底质重金属污染评价[G]. 中国环境科学学会学术年会优秀论文集, 2008: 480-483.

[53] 罗燕, 秦延文, 张雷, 等. 大伙房水库表层沉积物重金属污染分析与评价[J]. 环境科学学报, 2011, 31(5): 987-995.

[54] 刘金铃, 冯新斌, 朱伟, 等. 东江沉积物重金属分布特征及污染评价[J]. 生态学杂志, 2011, 30(5): 981-986.

[55] 尚林源, 孙然好, 汲玉河, 等. 密云水库入库河流沉积物重金属的风险评价[J]. 环境科学与技术, 2011, 34(12H): 344-348.

[56] 黄宏, 郁亚娟, 王晓栋, 等. 淮河沉积物中重金属污染及潜在生态危害评价[J]. 环境污染与防治, 2004, 26(3): 207-208, 231.

[57] 张海清, 余海珊, 崔杰锋, 等. 龙湾涌沉积物重金属污染现状评价[J]. 中国环境管理, 2001, 2: 29-31.

[58] 何孟常, 王子健, 汤鸿霄. 乐安江沉积物重金属污染及生成风险性评价[J]. 环境科学, 1999, 20(1): 8-10.

[59] 马英军, 万国江, 刘丛强, 周竞业, 黄荣贵. 泸沽湖氧化还原边界层的季节性迁移及其对水质的影响[J]. 环境科学学报, 2000, 20(1): 27-32.

[60] 罗莎莎. 云贵高原湖泊近代沉积作用的 Fe-Mn-S 指示[D]. 贵阳: 中国科学院地球化学研究所, 2001.

[61] Gareth T W Law, Tracy M Shimmield, Graham B Shimmield, Gregory L Cowie, et al. Manganese, iron, and sulphur cycling on the Pakistan margin[J]. Deep-Sea Res. II. 2009, (56): 305-323.

[62] Olaf Dellwig, Bernhard Schnetger, et al. Dissolved reactive manganese at pelagic redoxclines(part II): Hydrodynamic conditions for accumulation[J]. Journal of Marine Systems, 2012, (90): 31-41.

[63] Shenyu Miao, R D DeLaune, A Jugsujinda. Influence of sediment redox conditions on release/solubility of metals and nutrients in a Louisiana Mississippi River deltaic plain freshwater lake[J]. Science of the Total Environment, 2006, (371): 334-343.

[64] 陈振楼, 普勇, 黄荣贵, 万国江. 阿哈湖沉积物-水界面 Fe、Mn 的季节性释放特征[J]. 科学通报, 1996, 41(7): 629-632.

[65] 汪福顺, 刘丛强, 梁小兵. 湖泊沉积物-水界面铁的微生物地球化学循环及其与微量金属元素的关系[J]. 地质地球化学, 2003, 31(3): 63-69.

[66] 汪福顺, 刘丛强, 灌瑾, 吴明红. 贵州阿哈水库沉积物中重金属二次污染的趋势分析[J]. 长江流域资源与环境, 2009, 18(4): 379-384.

[67] 万曦, 万国江, 黄贵荣, 普勇. 阿哈湖 Fe、Mn 沉积后再迁移的生物地球化学机理[J]. 湖泊科学, 1997, 9(2): 129-134.

[68] 万国江. 云贵高原深水湖库环境过程及水源保护途径[J]. 中国工程科学, 2009, 11(5): 60-71.

[69] 马英军,万国江. 湖泊沉积物－水界面微量重金属扩散作用及其水质影响研究 [J]. 环境科学,1999,20(2):7-11.

[70] 罗莎莎,万国江. 云贵高原湖泊沉积物－水界面铁、锰、硫体系的研究进展 [J]. 地质地球化学,1999,27(3):47-52.

[71] 吴丰昌,万国江,蔡玉荣. 沉积物－水界面的生物地球化学作用 [J]. 地球科学进展,1996,11(2):191-197.

[72] 瞿文川,余源盛. 鄱阳湖湿地土壤中 Fe、Mn 的迁移特征及其与水位周期变动的关系 [J]. 湖泊科学,1996,8(1):35-42.

[73] 徐毓荣,徐钟际,向申,等. 季节性缺氧水库铁、锰垂直分布规律及优化分层取水研究 [J]. 环境科学学报,1999,19(2):147-152.

[74] Lev NNeretin, Christa Pohl, Gunter Jost, et al. Manganese cycling in the Gotland Deep, Baltic Sea. Marine Chem. ,2003,(82):125-143.

[75] 王海霞,杨华. 饮用水源水库铁锰垂直分布规律及原因 [J]. 资源开发与市场,2005,21(2):83-85.

[76] 朱维晃,吴丰昌. 贵阳市阿哈湖水库中铁、锰的形态分布 [J]. 中国环境科学,2006,26(增刊):83-86.

[77] Semal Yemenicioglu, Selahattin Erdogan, Suleyman Tugrul. Distribution of dissolved forms of iron and manganese in the Black Sea[J]. Deep-Sea Res. Ⅱ. 2006,(53): 1842-1855.

[78] Margaret C Graham, Keith G Gavin Alexander Kirika, John G Farmer. Processes controlling manganese distributions and associations in organic-rich freshwater aquatic systems:The example of Loch Brandan, Scotland[J]. Science of the Total Environment, 2012,(424):239-250.

[79] Margaret C Graham, Keith G Gavin, et al. Processes controlling the retention and release of manganese in the organic-rich catchment of Loch Bradan, SW Scotland[J]. Applied Geochemistry, 2002,(17):1061-1067.

[80] Elin Almroth, Anders Tengberg, Johan H Andersson, et al. Effects of resuspension on benthic fluxes of oxygen, nutrients, dissolved inorganic carbon, iron and manganese in the Gulf of Finland, Baltic Sea[J]. Continental Shelf Res. 2009,(29):807-818.

[81] Abesser C, Robinson R. Mobilisation of iron and manganese from sediments of a Scottish upland reservoir[J]. J Limnol. 2010,(69):42-53.

[82] 许昆明,邹文彬,司靖宇. 南海越南上升流区沉积物中溶解氧、锰和铁的垂直分布特征 [J]. 热带海洋学报,2010,29(5):56-64.

[83] 李建军. 扬水曝气技术改善汾河水库水源水质的应用研究 [D]. 西安:西安建筑科技大学,2007.

[84] 徐祖信. 河流污染治理技术与实践 [M]. 北京:中国水利水电出版社,2003.

[85] 李艳,邓云,梁瑞峰,等. CE-QUAL-W2 在紫坪铺水库的应用及其参数敏感性分析 [J]. 长江流域资源与环境,2011,20(10):1274-1277.

［86］ 刘畅 . MIKE3 软件在水温结构模拟中的应用研究［D］. 北京：中国水利科学研究院，2004.

［87］ 张士杰，彭文启 . 二滩水库水温结构及其影响因素研究［J］. 水利学报，2009，40 （10）：1254-1258.

［88］ 伍悦滨，徐莹，田禹，张海龙 . 磨盘山水库水温分布规律数值模拟研究［J］. 哈尔滨工业大学学报，2010，42（6）：925-928.

［89］ Meng fei Yang, Lan Li, Juan Li. Prediction of water temperature in stratified reservoir and effects on downstream irrigation area: A case study of Xiahushan reservoir［J］. J. Phys. Chem. Earth, 2011.

［90］ 邓熙 . 流溪河水库二维水动力学和水质模型（CE-QUAL-W2）的建立与初步应用［D］. 广州：暨南大学，2005.

［91］ Sheng wei Ma, Stavros C Kassinos, Despo Fatta Kassinos, Evaggelos Akylas. Effects of selective water withdrawal schemes on thermal stratification in Kouris Dam in Cyprus［J］. Lakes & Reservoirs: Research and Management, 2008, 13: 51-61.

［92］ Cole, T. M. , and S. A. Wells. CE-QUAL-W2: A two-dimensional, laterally averaged, Hydrodynamic and Water Quality Model, Version 3. 6. Department of Civil and Environmental Engineering, Portland State University, Portland, OR. 2008.

［93］ Gelda R K, E M Owens, S W Effler. Calibration, verification, and an application of a two-dimensional hydrothermal model for Cannonsville Reservoir［J］. Lake and Reserv. Manage, 1998, 14(2-3): 186-196.

［94］ Rakesh KGelda, Steven W Effler. Testing and application of a two-dimensional hydrothermal model for a water supply reservoir: implications of sedimentation［J］. J. Environ. Eng. Sci. , 2007, 6: 73-84.

［95］ Kim Y, B Kim. Application of a 2-dimensional water quality model(CE-QUAL-W2)to the turbidity interflow in a deep reservoir (Lake Soyang, Korea)［J］. Lake and Reserv. Manage, 2006, 22(30): 213-222.

［96］ Choi, Jung Hyun, Seon-A Jeong, Seok Soon Park. Longitudinal-Vertical Hydrodynamic and Turbidity Simulations for Predict ion of Dam Recon struction Effects in Asian Monsoon Area［J］. Journal of the American Water Resources Association(JAW RA), 2007, 43(6): 1444-1454.

［97］ Xing Fang, Rajendra Shrestha, Alan W Groeger, et. al. Simulation of Impacts of Stream flow and Climate Conditions on Amistad Reservoir［J］. Journal of Contemporary Water Research & Education, 2007, 137: 14-20.

［98］ Norton G E, Bradford A. Comparison of two stream temperature models and evaluation of potential management alternatives for the Speed River, Southern Ontario［J］. J Environ Manage, 2009, 90(20): 866-878.

［99］ Lee H W, Kim E J Park, S S, et al. Effects of climate change on the thermal structure of lakes in the Asian Monsoon Area［J］. Climatic change, 2012, 112(3): 859-880.

[100] 李冬,曾辉平,张杰. 饮用水除铁除锰科学技术进展 [J]. 城镇给排水,2011,37
 (6):7-12.

[101] 李圭白,刘超. 地下水除铁除锰 [M]. 北京:中国建筑工业出版社,1987.

[102] 张杰,李冬,杨宏,陈立学,高洁. 生物固锰除锰机理与工程技术 [M]. 北京:中国
 建筑工业出版社,2005.

[103] 盛力. 复合改性滤料除锰效能研究 [D]. 上海:同济大学,2005.

[104] Graveland A, Heertjes P M. Removal of Manganese From Groundwater by
 Heterogeneous Autocatalytic Oxidation[J]. Trans lnst Chem Engrs. , 1975, 53(31):
 154-157.

[105] 王琳,王宝贞,张维佳,等. 含铁、锰水源水深度处理工艺的运行实验研究 [J]. 环
 境科学学报,2001,21(2):134-139.

[106] Korn C, Andrews R C, Escobar M D. Development of chlorine dioxide related models
 for drinking water treatment[J]. Water Res, 2002, 36(2):330-342.

[107] Richardson S D. Chlorine dioxide disinfection. First European Symposium on Chlorine
 Dioxide and Disinfection[J]. Rome, 1996, 51-60.

[108] 李金成. 负载锰氧化物滤料对高锰地下水处理技术研究 [D]. 青岛:中国海洋大
 学,2011.

[109] 邵志良. 应用二氧化氯消毒饮用水的评价 [J]. 环境科学丛刊,1992,13(1):47-
 50.

[110] 张杰,戴镇生. 地下水除铁除锰现代观 [J]. 给水排水,1996,22(10):13-16.

[111] 李冬,杨宏,张杰. 生物滤层同时去除地下水中铁、锰离子研究 [J]. 中国给水排水,
 2001,17(8):1-5.

[112] Di-Ruggiero J, Gounot A M. Microbial Manganese Reduction Mediated by Bacterial
 Strains Isolated from Aquifer Sediments[J]. Microb. Ecol, 1990, 20:53-63.

[113] 朴真三,李晓鄂,陈亚光,等. 自来水厂细菌固定化除锰及其水质条件的研究 [J].
 环境科学,1998,19(5):37-40.

[114] 朴真三,鲍志戎,刘牧龙,等. 鞘铁菌(*Siderocapsa*)除锰和固定化 [J]. 吉林大学
 自然科学学报 [J],1996,34(2):79-82.

[115] 张杰,杨宏,徐爱军,等. Mn(Ⅱ)氧化细菌的微生物学研究 [J]. 给水排水,1997,
 23(1):19-23.

[116] Hong Yang, Dong Li, Jie Zhang et a1. Design of Biological Filter for Iron and
 Manganese Removal from Water[J]. Journal of Environmental Science and Health,
 2004(39):1447-1454.

[117] S Mettler, M Abdelmoula. Characterization of iron and Manganese Precipitates from
 an in Situ Ground Water Treatment Plant[J]. Ground Water, 2001, 39(6):921-930.

[118] 鲍志戎,孙书菊,王国彦,等. 自来水厂除锰滤砂的催化活性分析 [J]. 环境科学,
 1997,18(1):38-41.

[119] 邓慧萍. 改性滤料在给水处理中的应用研究 [J]. 同济大学学报,1995,23(4):

427-431.

[120] Knocke W R, Hamon J R, Thompson C P. Soluble manganese removal on oxide-coated filter media[J]. J AWWA, 1988, 80(12): 65-70.

[121] William R Knocke et al. Removal of Soluble Manganese by Oxide-Coated Filter Media, Sorption Rate and Removal Mechanism Issues[J]. Jour. AWWA, 1991, 83(8): 64-69

[122] William R Knocke et a1. Soluble Manganese Removal on Oxide-Coated Filter Media[J]. J AWWA, 1988, 80(12): 65-70.

[123] Andrea C Hargette, William R Knocke. Assessment of Fate of Manganese in Oxide-Coated Filtraton Systems[J]. J. Environ Eng., 2001, 127(12): 1132-1138.

[124] Merlde P B, Knocke W R, Gallagher D L, et a1. Dynamic Model for Soluble Mn(Ⅱ) Removal by Oxide-Coated Filter Media[J]. J. Environ Eng., 1997, 123(7): 650-658.

[125] Merkle P B, Knocke W R, Gallagher D L. Method for Coating Filter Media with Synthetic Manganese Oxide[J]. J. Environ Eng., 1997, 123(7): 642-649.

[126] 高乃云, 徐迪民, 范瑾初, 等. 氧化铝涂层改性石英砂过滤性能研究[J]. 中国给水排水, 1999, 15(3): 1-4.

[127] 乔振基, 王仕才. 王圈水库大坝的运行与管理[J]. 西北水利发电, 2006, 22(3): 103-105.

[128] Jian feng Peng, Bao zhen Wang, Yong hui Song, Peng Yuan, Zhen hua Liu. Absorption and release of phosphorus in the surface sediment of a wastewater stabilization pond[J]. Ecological engineering, 2007, 31: 92-97.

[129] 朱广伟, 高光, 秦伯强, 等. 浅水湖泊沉积物中磷的地球化学特征[J]. 水科学进展, 2003, 14(6): 714-719.

[130] 王欣. 氨氮、锰、有机物复合污染原水化学预氧化实验研究[D]. 哈尔滨: 哈尔滨工业大学, 2010.

[131] 李科迎. 地下水化学氧化除铁除锰技术研究[D]. 西安: 西安科技建筑大学, 2010.

[132] 胡文华, 吴慧芳, 孙士权. 过氧化氢预氧化去除受污染地下水中铁、锰的试验研究[J]. 水处理技术, 2011, 37(1): 73-75.

[133] 王文东, 杨宏伟, 蒋晶, 等. 天然水中可溶性硅酸与铝盐作用机理探讨[J]. 化学学报, 2008, 66(23): 2625-2630.

[134] Taylor P D, Jugdaohsingh R, Powell J J. Soluble silica with high affinity for aluminum under physiological and natural conditions[J]. J. Am. Chem. Soc., 1997, 119(38): 8852-8856.

[135] 许友芹, 李金成, 王娟, 李芳芳, 韩在峰. 二氧化氯预氧化处理含锰地下水的试验研究[J]. 西南给排水, 2006, 28(6): 24-27.

[136] 刘庆元. 二氧化氯预氧化除锰及氧化副产物亚氯酸盐的去除研究[D]. 南京: 南京理工大学, 2010.

[137] 黄君礼. 新型水处理剂——二氧化氯技术及其应用 [M]. 北京:化学工业出版社, 2002.

[138] 武利,唐玉兰,傅金祥,毕晓巍. 二氧化氯对水中锰离子去除的试验研究 [J]. 辽宁化工, 2010, 39 (1):4-7.

[139] 薛罡,邹联沛,刘建勇. 接触氧化法除地下水铁锰时不同滤料性能的对比研究 [J]. 东华大学学报, 2002, 28 (6):58-61.

[140] 傅金祥,张丹丹,安娜,等. 石英砂/锰砂混层滤料的除铁除锰效果及其影响因素 [J]. 中国给水排水, 2007, 23 (23):6-10.

[141] 陈正清,别东来,钟俊. 不同滤料除铁除锰效果研究 [J]. 环境保护科学, 2005, 31 (129):22-25.

[142] 毛艳丽,罗世田,师军帅. 不同滤料去除地下水中铁锰效果的试验研究 [J]. 平顶山学院学报, 2006, 21 (5):41-43.

[143] 陈心凤. 接触氧化法和吸附法对水中铁锰的去除试验研究 [D]. 杭州:浙江大学, 2011.

[144] 顾康乐. 给水处理厂设计 [M]. 北京:中国建筑工业出版社, 1977.